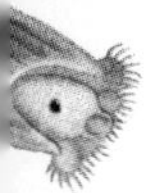

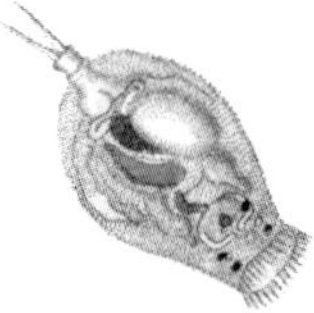

# 熊蟲

## 地表最強

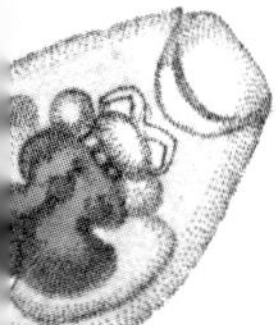

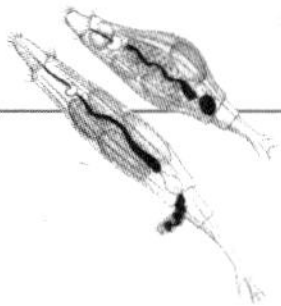

## Water Bear

/ˈtardɪˌgreɪd/

***Tardigrade***

***slow stepper***

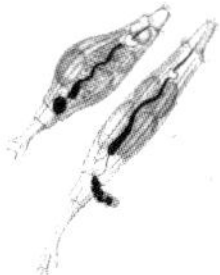

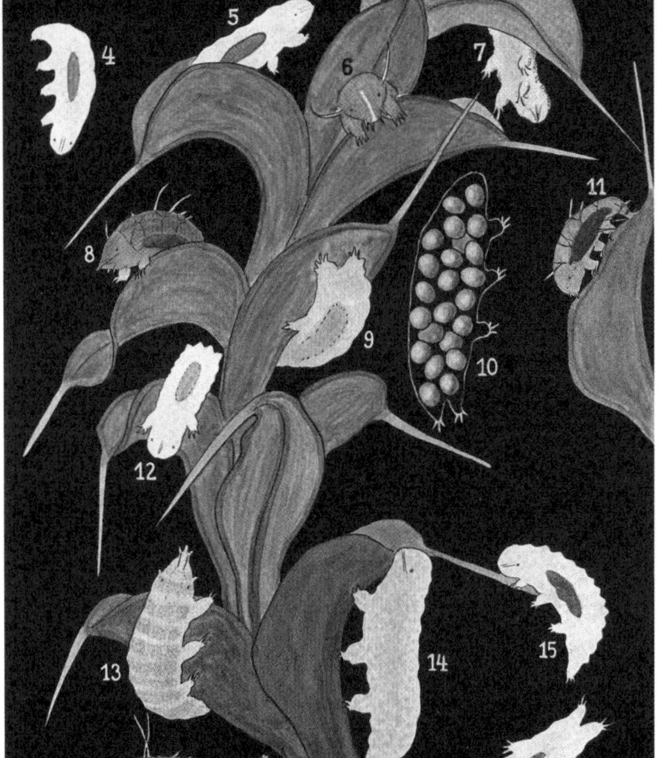
1
2
3
4
5
6
7
8
9
10
11
12
13
14
15
16
17
18

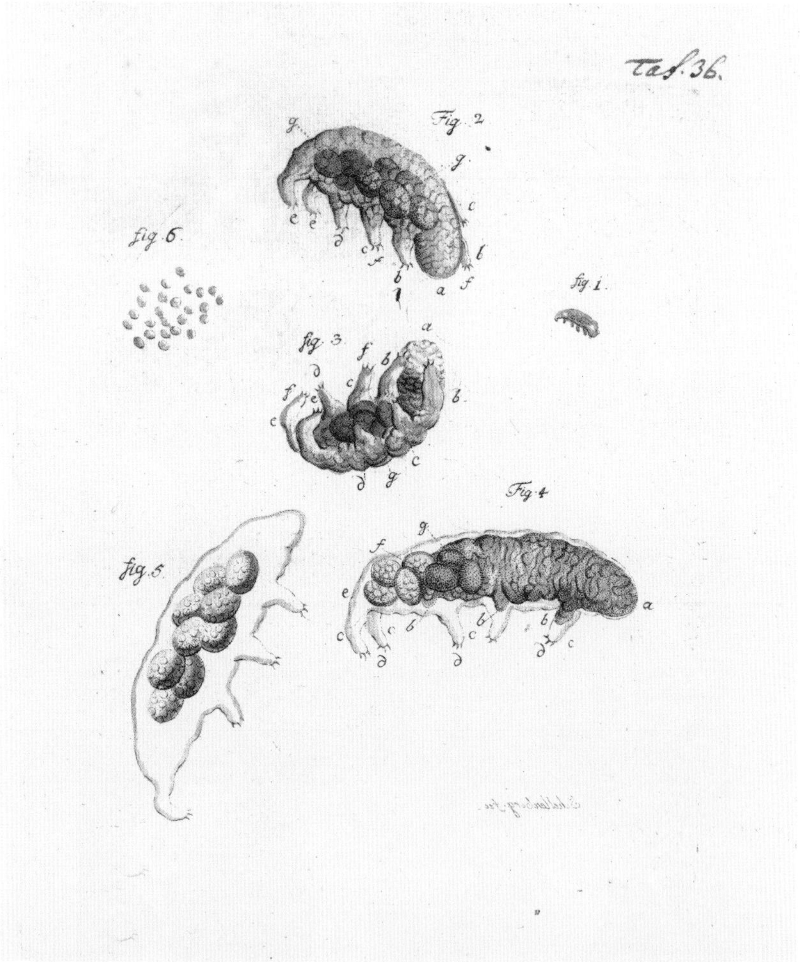


**插畫 1（上一頁）** 藏身於苔蘚的各種熊蟲。

（Marcus, E., Tardigrada, in H. G. Bronn (ed.), Klassen und Ordnungen des Tier-Reichs, Bd. 5, IV-3, Akademische Verlagsgesellschaft, Leipzig, 1929）

**插畫 2** Müller 所繪的熊蟲 *Acarus ursellus*。

（Müller, O. F., Von den Bärthierchen, Archiv zur Insektengeschichte 6: 25-31, tab. 36, Zürich, 1785）

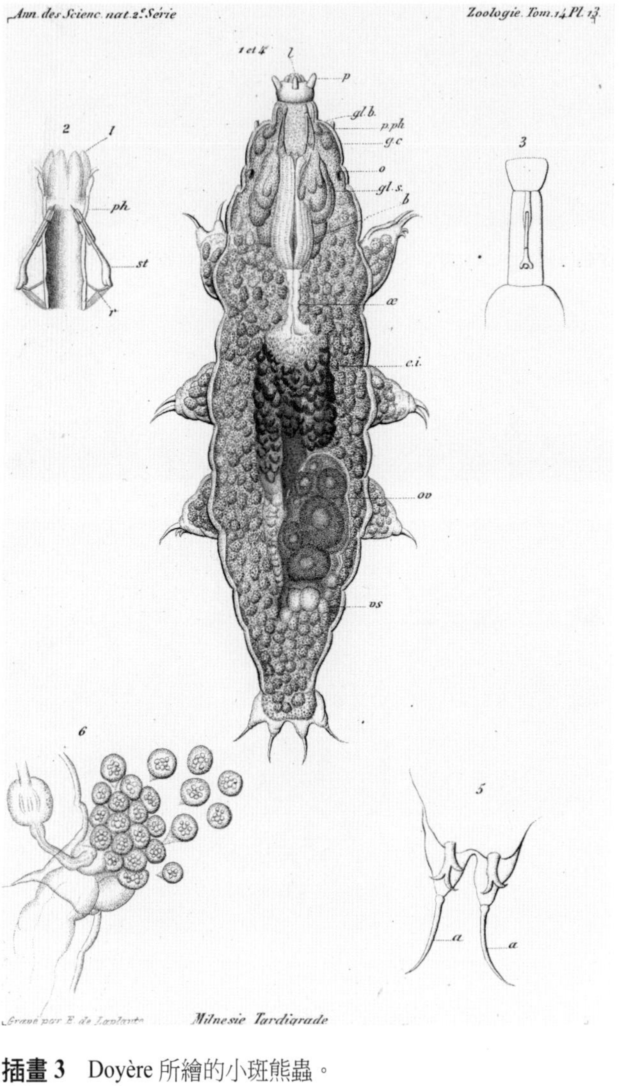


**插畫 3**　Doyère 所繪的小斑熊蟲。

（Doyère, L., Mémoire sur l’organisation et les rapports naturels des tardigrades, et sur la propriété remarquable qu’ils possèdent de revenir a la vie après avoir été complètement desséchés., Paul Benouard, Paris, 1842）

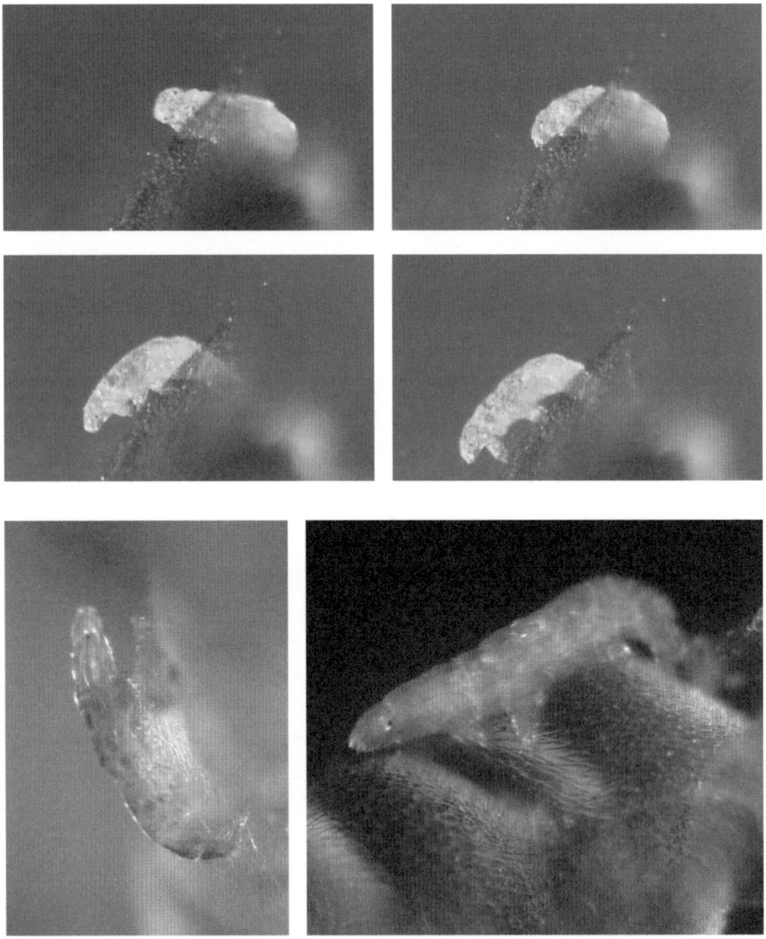

**插畫 4**　（上）形似「白熊」的熊蟲，體長約 0.3 mm。
（下）小斑熊蟲，體長約 0.6 mm。
（右：Suzuki, A. C., Life history of *Milnesium tardigradum* Doyère (Tardigrada) under a rearing environment, Zoological Science 20: 49-57, 2003）

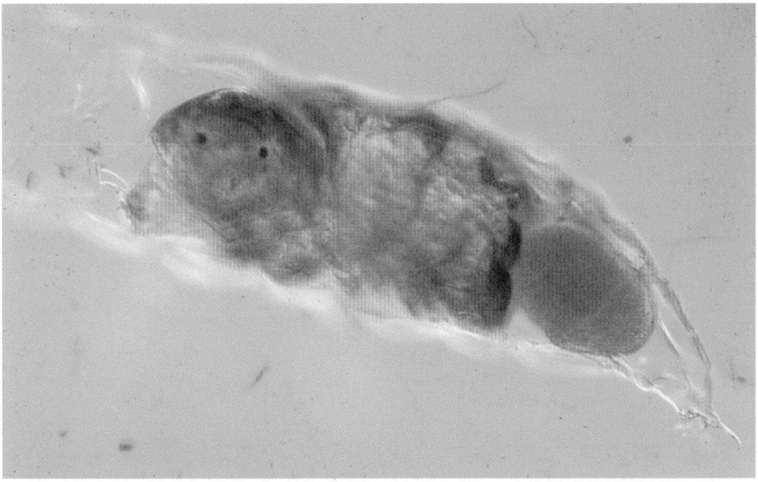

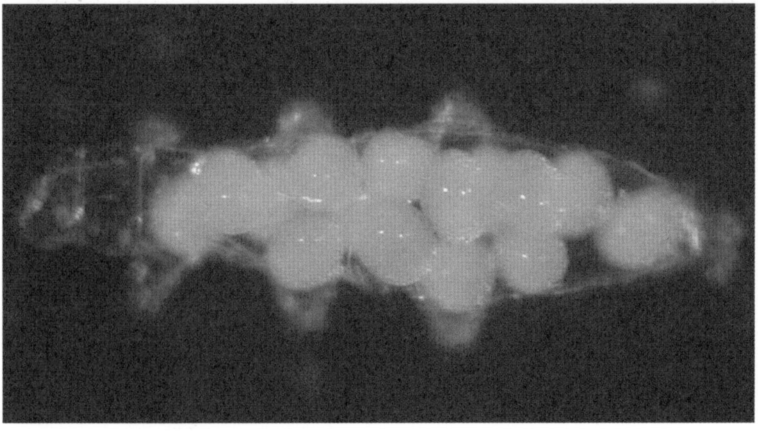

**插畫 5**　小斑熊蟲的卵。

（上）剛產下一顆卵的熊蟲媽媽正看著鏡頭，卵已開始分裂。

（Suzuki, A. C., Life history of *Milnesium tardigradum* Doyère (Tardigrada) under a rearing environment, Zoological Science 20: 49-57, 2003）

（下）皮蛻內擠著十五顆卵。

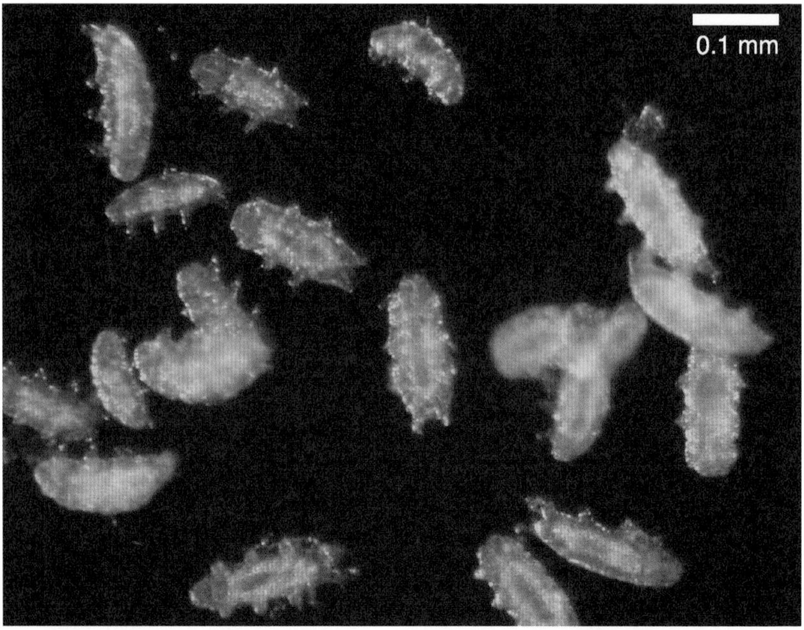


**插畫 6**　於日本八岳連峰採集到的 *Hypechiniscus gladiator*（劍棘熊蟲，左）與未有記錄之熊蟲種類（黃色熊蟲，右）。

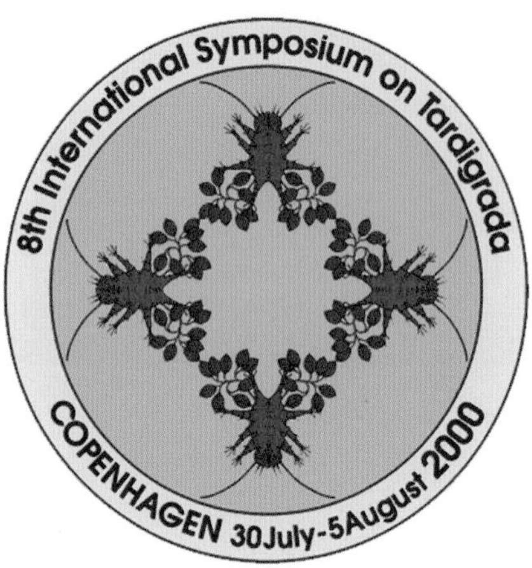


**插畫 7**　第八屆國際熊蟲研討會的標誌是一種外形華麗、棲息於海底的熊蟲，學名為 *Tanarctus bubulubus*。（此標誌是由丹麥哥本哈根動物學博物館的插畫家 Birgitte Rubæk 所製作，資料由 R. M. Kristensen 教授提供）

# 序

本書是日本第一本為了一般讀者寫作的熊蟲書籍。

「熊蟲是什麼啊？」可能很多人會這麼想，或許有些讀者會抱持「看完這本書，應該找得到答案」的想法翻開下一頁，但看完整本書，有些疑惑可能仍無法解決。的確，熊蟲就是這麼不可思議的生物……

我們常聽到許多與熊蟲相關的傳言。

熊蟲被稱作「地表最強的生物」，不管怎麼玩，牠都不會被玩死。把熊蟲置於乾燥的環境，牠會變成酒桶狀，而且可以活到一百年以上。不只這樣，這個「酒桶」在非常極端的環境下也不會有事，例如攝氏零下二七〇度的超低溫，或是攝氏一五〇度的高溫，甚至用輻射線照牠、用微波爐加熱，熊蟲都能活得好好的。

這些傳言就像都市傳說，常被人們提起。從來沒聽過熊蟲的人，不曉得這種傳說中的生物究竟與什麼嚴肅的生物學課題有關，或許他們會覺得這只是披著科學外衣的謠言，因此半信半疑。

我就別再賣關子了，簡單來說，地球上確實有種生物叫作熊蟲，牠確實具有不可思議的求生能力。熊蟲與地球上各式各樣的生物生活在一起，低調而不為人知。熊蟲的秘密，將在這本薄薄的書中一一揭露。

本書第1章將簡單介紹熊蟲的基本知識；第2章藉由我所研究過的某種熊蟲的生活史，說明這種動物的生存模式。本書的後半部則會解釋「熊蟲傳說」是怎麼一回事。第3章從我研究熊蟲的初期發現切入，說明這種傳說中的生物如何被人類注意到；最後的第4章則會詳細解說熊蟲的特殊能力，闡明我們目前已瞭解的部分，以及尚待研究的問題。

接下來，讓我們一起進入神奇的熊蟲世界吧！

# 目錄

## 2 小斑熊蟲的生活史……13

# 熊蟲是什麼？

本章將簡單說明熊蟲的特性。如果你對熊蟲已有一定的瞭解，不妨趁機複習一遍相關知識。

## 熊蟲是「蟲」嗎？

熊蟲是一種小小的生物，但不是昆蟲，也不屬於節肢動物。若不使用顯微鏡觀察，肉眼看起來只有沙粒那麼大。最大的熊蟲只比一毫米大一點，而大部分熊蟲的尺寸都介於〇・一至〇・八毫米。

## 熊蟲是什麼樣的生物？

聽到要用顯微鏡觀察，一般人可能會聯想到微小的浮游生物，但是熊蟲有四對腳，能悠悠哉哉地爬行，而且熊蟲的腳不像昆蟲有「節肢」。若不計較腳的數量，熊蟲看起來就好像熊，一步步緩慢地爬行。以宮崎駿的動畫作品來比喻，就好像《龍貓》的龍貓公車，只是腳的數量沒那麼多，當然，熊蟲也不像龍貓公車跑得那麼快。另外，熊蟲也像《風之谷》的王蟲，身上披著堅硬的鎧甲，不過熊蟲的速度遠遜於王蟲。請參考本書一開頭的插畫，自行想像熊蟲移動的樣子吧！

## 在動物界的地位

熊蟲在分類學上屬於緩步動物門，這個「門」裡面的所有生物皆稱為熊蟲，而人類則是屬於脊索動物門。脊索動物門包括沒有脊椎骨的文昌魚、海鞘等，以及擁有脊椎骨的脊椎動物，例如八目鰻、魚類、山椒魚、青蛙、蜥蜴、龜、恐龍、鳥、哺乳類等。緩步動物門與脊索動物門在分類學上的地位相同，而緩步動物門皆由熊蟲類的生物組成。左頁表1列出人類與小斑熊蟲在分類學上的地位，由此可見兩種生物分屬於哪兩類。

**表 1**　在動物界的地位（以人類與小斑熊蟲為例）

| | |
|---|---|
| 脊索動物門 CHORDATA | 緩步動物門 TARDIGRADA |
| 哺乳綱 Mammalia | 真緩步綱 Eutardigrada |
| 靈長目 Primates | 近爪目 Apochela |
| 人科 Hominidae | 小斑熊蟲科 Milnesiidae |
| 人屬 *Homo* | 小斑熊蟲屬 *Milnesium* |
| 智人 *Homo sapiens* | 小斑熊蟲 *Milnesium tardigradum* |

## 身體組成

為什麼熊蟲會獨立成一個「門」呢？這是因為熊蟲與其他動物在身體結構上有很大的差異。包括頭部，熊蟲共可分為五個體節，腹部有神經系統，四對附肢沒有關節，不過末端有爪狀或吸盤狀的「手指」。

根據身體結構的特徵，可再將緩步動物門分成異緩步綱、真緩步綱、中緩步綱。

異緩步綱的熊蟲，體表通常有各式各樣的刺毛或突起（圖1），這些構造通常被認為是感覺器官。海中的熊蟲幾乎都屬於這個綱，而牠們在陸地上的同類，則都有如鎧甲般堅固的裝甲，包覆著身體（圖2）。

真緩步綱的熊蟲，體表則不像異緩步綱有那麼多刺毛與突起，牠們的體表大多光滑（圖3）。雖然有些真緩步綱的熊蟲體表也長滿刺（圖4），但沒有異緩步綱

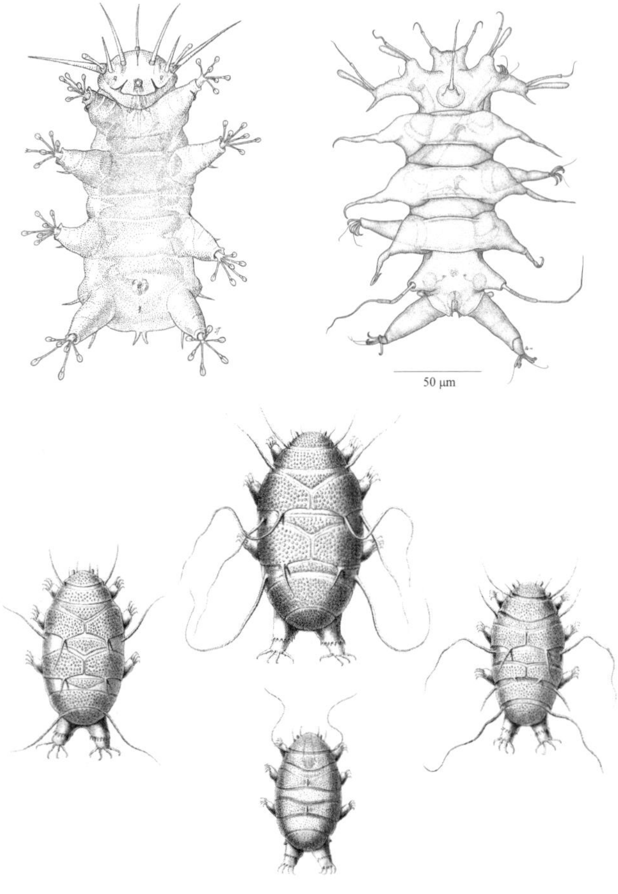


**圖 1**　異緩步綱的熊蟲。

（左上）*Batillipes noerrevangi*（R. M. Kristensen 教授提供）。

（左下）*Parastygarctus robustus*（J. G. Hansen 提供）。

（下）四種棘熊蟲（改自 Richters, F., Arktische Tardigraden, Fauna Arctica 3: 495-508, Tab. 15-16, 1904）。

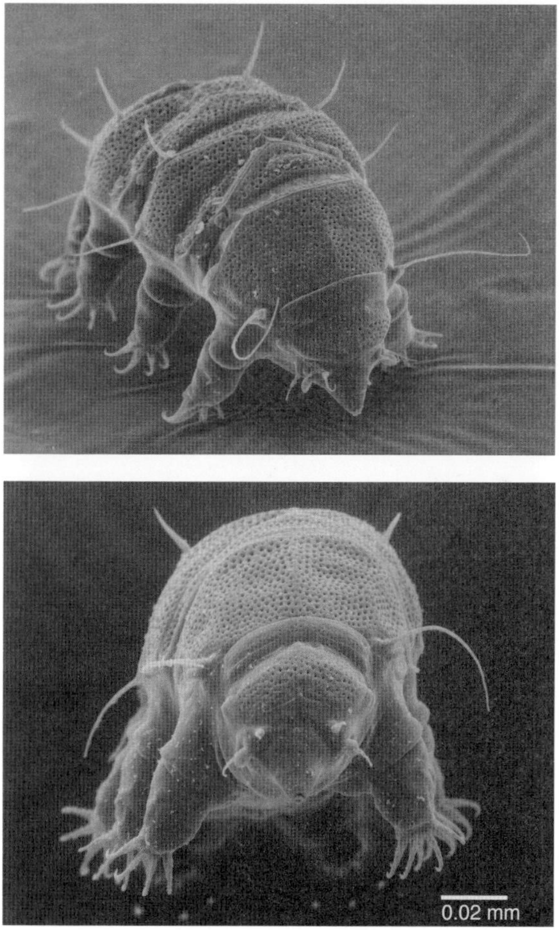


**圖 2** *Echiniscus spiniger*（異緩步綱）。
（掃描式電子顯微鏡照片，D. R. Nelson 教授提供）

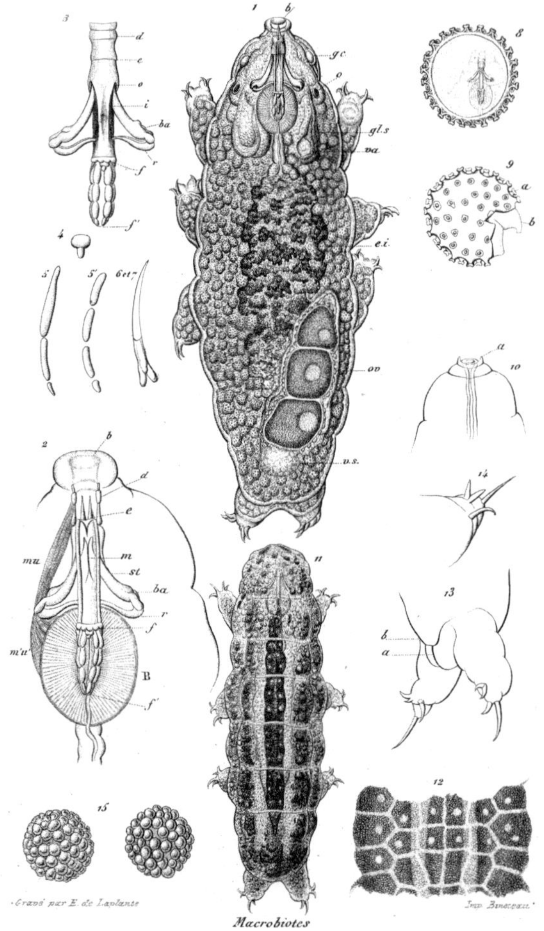


**圖 3**　真緩步綱的兩種熊蟲，右上與左下為卵的示意圖。
（Doyère, L., Mémoire sur les tardigrades, Ann. Sci. Nat., sér. 2, 14: 269-361, 1840）

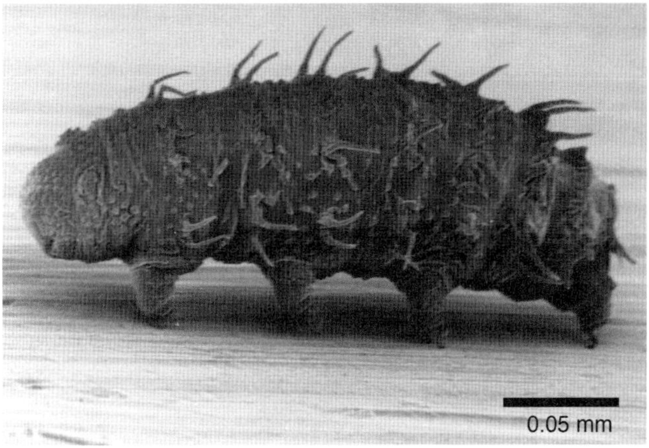


**圖 4** *Calohypsibius ornatus* 棘山熊蟲（真緩步綱）。
（掃描式電子顯微鏡照片，D. R. Nelson 教授提供）

的特徵——口器旁的刺毛，所以根據這一點很容易可以分辨兩者的差異。另外，真緩步綱的熊蟲，卵相當特別，美麗的紋路就像精緻的雕刻作品，研究者時常藉由卵的形狀來分辨不同種類的熊蟲（圖5）。真緩步綱的熊蟲幾乎都棲息於陸地或淡水，其中有少數種類被認為在進化的過程中，曾從海洋爬上陸地，後來又回到海中。

「中緩步綱」的熊蟲，形態介於異緩步綱和真緩步綱之間，目前只有一個物種（圖6）。這類熊蟲仍是個謎，因為自從一九三七年德國人Rahm在日本長崎縣雲仙地區的溫泉發現這

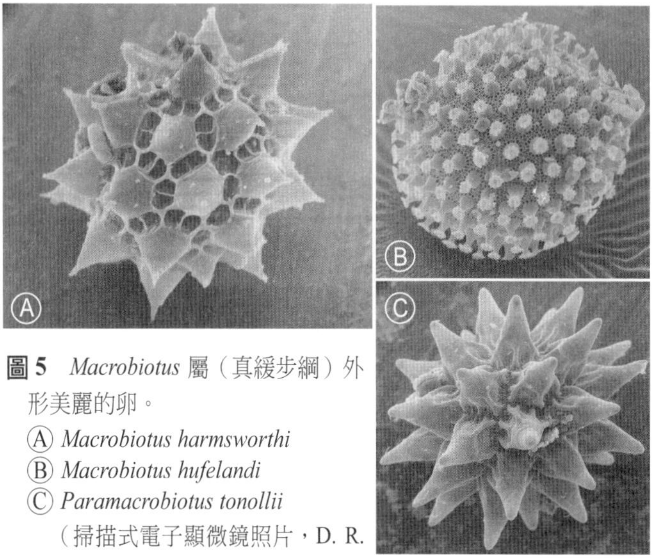


**圖 5**　*Macrobiotus* 屬（真緩步綱）外形美麗的卵。
Ⓐ *Macrobiotus harmsworthi*
Ⓑ *Macrobiotus hufelandi*
Ⓒ *Paramacrobiotus tonollii*
（掃描式電子顯微鏡照片，D. R. Nelson 教授提供）

個物種之後，再也沒人看過牠們，也沒有任何標本被保存下來。

## 名稱的由來

世界上第一篇關於熊蟲的文獻記載是以德文寫成的，文中以 Kleiner Wasserbär 稱呼這種生物，意為「小小的水熊」，英文的 Water Bear 亦由此翻譯而來。此外，德文也把這種生物稱作 Bärtierchen，用代表「動物」的 Tier 接上代表「小巧」的接尾語，直譯為「熊蟲」。也有人以英文稱之為 Bear Animalcule。

「緩步動物」這個名詞是拉丁

語Tardigrada的直譯，有緩慢移動步伐、遲鈍的意思。日文習慣在「門」的形容詞後面，加上「動物」一詞，故稱為「緩步動物門」（註：早期中文生物學譯名多從日文而來，所以遵循這個規則）。法文亦稱之為Tardigrade，丹麥文則稱為Bjørndyr，與德文的語源相同。

## 棲息於何處？

若說熊蟲「任何地方都看得到」，似乎有點誇張，但這麼描述其實沒什麼錯。

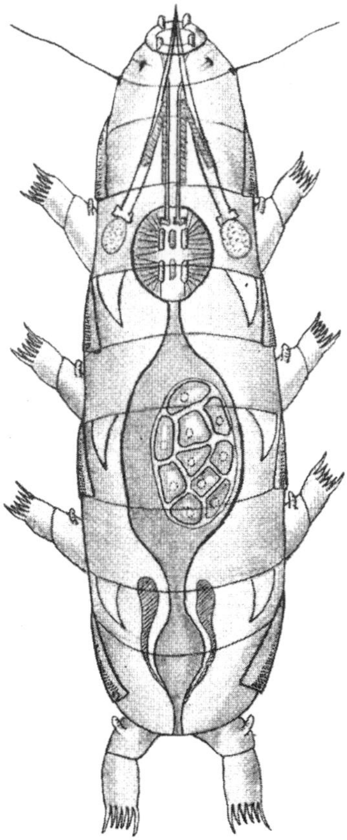

**圖 6** *Thermozodium esakii* 溫泉熊蟲（中緩步綱）。
（Rahm, G., Eine neue Tardigraden-Ordnung aus den heiBen Quellen von Unzen, Insel Kyushu, Japan, Zool. Anz. 120: 65-71, 1937）

在我們生活的周遭，例如在沿著圍牆底部生長、快乾掉的苔蘚中，就找得到熊蟲；往山裡走，你可看到許多樹木與岩石長著青苔，這些青苔內也找得到熊蟲；此外，森林的土壤、水池，也看得到熊蟲的身影。從喜馬拉雅山脈到南極大陸，都找得到熊蟲的蹤跡。熊蟲還藏身在沙灘的沙粒之間，或是海邊的藤壺內。即使是在深海底部，也可在沉積物中找到牠們。

在許多環境下，都棲息著各種熊蟲。

## 熊蟲如何呼吸？

那麼，在水中和陸地都可見其蹤影的熊蟲，是怎麼呼吸的呢？

陸生的節肢動物有氣孔與氣管等器官，而水生節肢動物則有鰓，但熊蟲小小的身體內，裝不下那麼複雜的器官呀。一般認為熊蟲是藉由單純的擴散作用，讓氧氣從周圍的水中擴散進體內。由此可見，陸生的熊蟲為了生存，也必須在體表維持一層薄薄的水。因此，嚴格來說熊蟲並不算是陸生動物。

對陸生熊蟲來說，不管是生存於土壤或苔蘚，都必需面臨環境突然變乾燥的危險。因此這些熊蟲都具有特殊能力，可應付乾燥的環境。熊蟲無法防止環境變乾燥，所以牠們反過來讓自己變乾燥（乾眠），以撐過惡劣環境。這種神奇的能力稱為「隱生」，本書第4章將詳細介紹。

某些熊蟲棲息於原本不需擔心乾燥問題的環境，一般都不會有這種能力，因此如果環境變乾燥，便會馬上死亡。

## 熊蟲的種類

前文曾說「有各種熊蟲」，那麼熊蟲究竟有多少種呢？

一般來說，被描述為新物種的生物，可能不久後就會改置放到別的屬，或被認為與已存在的某種生物屬於同一物種，而新發現的物種也可能再被分成許多物種。此外，研究者對於物種的看法經常不一致，一般來說，生物的「屬和種」沒有絕對正確的版本。在新物種陸續被發現的情況下，研究者通常只能說目前的物種數「約有多少種」。

總而言之，第一個整理熊蟲分類的 Marcus，在一九二七年整理出兩百七十四個物種（其中的一百〇七種未確定），到了一九三六年他則整理出一百七十六種（以及另外八十四個不明物種）。第一個將熊蟲類生物獨立成一個「門」的 Ramazzotti，則在《緩步動物門》初版（一九六二年）列出三百〇一個物種，而第二版（一九七二年）則列出四百一十七種，第三版（一九八三年）增加到五百八十四種。在此後的二十年間，登錄的新物種數急速增加，新設了許多屬，既存物種的分類亦呈現一片混亂，熊蟲的分類就是在這個情況下，踏入了新世紀。

二〇〇五年二月發表的統計結果顯示，已知的熊蟲種類約有九百六十種。之後仍陸續有新物種被發現，在二〇〇六年夏天，熊蟲共約有一千種，其中約有一成的物種曾在日本國內被發現，我手上也有一個不曾在文獻上看過的熊蟲物種（彩頁插畫6）。

日本有相當多的熊蟲分類學家。目前主要的研究者，包括研究陸生熊蟲的宇津木和夫、伊藤雅道、阿部涉等，而野田泰一則是海生熊蟲的專家。這麼多位能夠辨識新種熊蟲的專家，為日本的熊蟲研究界打下深厚的基礎。

下一章將提到，在我們的生活環境中，有哪些種類的熊蟲；而熊蟲的生活史，以及我飼養了熊蟲才逐漸瞭解的事，也將在下一章詳述。

# 小斑熊蟲的生活史

## 窺探青苔的縫隙

一切的開始，是在西元二〇〇〇年的春節期間。那時我正在埋首研究昆蟲精子的形成，同時因大學繁雜的行政事務而忙得不可開交。某一天，我一時興起，利用研究的空檔，從大學的某個建築物牆角挖了一塊快乾掉的青苔，放到水裡觀察。

我用解剖顯微鏡觀察浸過水的青苔，看到形形色色的生物冒了出來。我越看越著迷，不知不覺就過了一大段時間。在這個青苔內，我看到了夢寐以求的熊蟲，於是我多花了一點時間，觀察牠們的行為。就算是初學者，也能從這塊校舍牆角的青苔，看出三種形態的熊蟲。

近似於白色而有點透明，看起來柔軟又有彈性的，八成是*Macrobiotus*（長命蟲屬）的一員！我擅自把牠們命名為「白熊」（彩頁插畫4上）。一如我們對緩步動物門的印象，牠們在青苔的綠葉間，緩慢而悠閒地散步。白色透明的身體中間，透出一條綠色的腸子，看來就像這隻白熊正在吸食青草汁。

另外，有些熊蟲的體型較細長，比起熊，牠們長得更像獾，尤其是頭部（彩頁插畫4下）。牠們的身體上有一道橙色斑紋，移動速度比白熊快許多。仔細觀察頭部，可發現口器的周圍有許多突起，這是牠們的特徵。沒意外的話，這些熊蟲應該是*Milnesium tardigradum*（小斑熊蟲）。根據文獻的記載，這個物種遍布全世界，屬於Cosmopolitan（世界種），而且生物界似乎沒有其他相似的物種。雖然牠們長得像獾卻不以其為名，因為在發現之初牠們便已被命名為「小斑熊蟲」了。另外，文獻還提到，這種熊蟲是肉食性（不過，有其他意見指出，小斑熊蟲可能不是單一物種，而是數種生物的集合。某篇在二〇〇六年二月發表的論文，即一口氣列出五個小斑熊蟲屬的新物種。請參考第4章最後的備註P.106）。

第三種則是綠色偏黑、體型較小的熊蟲。和前兩種相比，這種熊蟲看起來硬邦邦的，很像小小的塵蟎，但牠們步履蹣跚，和節肢動物完全不同。另外，牠們的口器旁還有長長的刺毛。牠們的外表不禁讓人聯想到全身披著鎧甲的棘熊蟲，兩者的動作都相當遲鈍、笨拙。

在牠們的周圍，有許多大小相近的單細胞原生動物，用布滿全身的纖毛，迅速地游來游去，相較之下，熊蟲在這樣的環境下還能緩慢悠哉地散步，讓我莫名地感動。這種生物，究竟是靠什麼生存下去的呢？

## 我想養熊蟲！

學期末時，我被行政業務追著跑，那些青苔就這麼被我擱置於水中。直到二月中左右，我一時興起，將水中的青苔放入培養皿，想再次觀察青苔的縫隙。那時，長得像棘熊蟲的傢伙全消失了，不過白熊和小斑熊蟲仍安然無恙。雖然我沒有特別整理牠們的生存環境，但培養皿內似乎自成一個小生態系，自給自足。不過，我心想就這麼一直觀察好像也不是辦法，有沒有什麼是我能做的呢？此時，隨著季節的嬗遞，春天即將到來。

如果想瞭解某種動物的生活史，而且對象是大型野生動物，我們通常會到室外進行田野調查。但像昆蟲這種大小的動物，就能飼養在室內，觀察牠們的一生。

然而，野生生物的飼養通常沒那麼簡單，畢竟不瞭解這種生物的生活史，便不知道飼養牠們需要哪種環境條件，所以一開始必需在野外觀察一段時間。而要研究熊蟲這種微小的生物，一般我們會利用從野外採集來的青苔，取出熊蟲，並製成標本，再整理每個標本所反映的資訊，推測牠們的生活史。但用這種做法，我們很難觀察到單一熊蟲從出生到死亡的過程。

於是，我蹦出了「我想養熊蟲！」這個突如其來的想法，並為此興奮不已。

## 養得起來嗎？

就算我真的很想養養看熊蟲，我也不確定能不能養活。

我在學生時代，曾為了研究與昆蟲變態有關的荷爾蒙，而飼養家蠶、野蠶等蛾的幼蟲，每天悉心照料。後來我來到日本慶應義塾大學的日吉校區，為了要瞭解昆蟲的精子形成，我從記錄蟋蟀的成長過程開始，逐漸展開自己的研究，所以如果能找到飼養方法，我便想自己飼養研究用的生物。

我相當懷念日本早期一本稱為《採集與飼育》的雜誌，這本雜誌代表了我在少年時代所追求的生物學精神。這本雜誌很久以前就停刊了，也許是因為博物學式的生物學如今已經不流行了吧！不過，看到有趣的生物，一般人都會想養養看，不是嗎？熊蟲的採集與飼養！啊，真是讓人躍躍欲試！

當然，事情沒有這麼簡單，接下來我大概每天都必須出去田野調查吧！不過，這也是件讓人興奮的樂事。

## 小斑熊蟲是肉食性動物

現在，我們知道在我的培養皿裡，白熊和小斑熊蟲已經生存了大約兩個月。我想白熊的食物八成是青苔，只要適時補充青苔，大概就養得活。不過這麼一來，牠們就會和野生的白熊一樣，躲在青苔的間隙，要找尋牠們的蹤跡會相當費時費力。

小斑熊蟲又如何呢？文獻說牠們是肉食性的熊蟲。牠們究竟吃什麼呢？

在青苔的世界，除了熊蟲還有許多種生物棲息著。半透明、活蹦亂跳的線蟲類在其中來去自如；輪蟲類則像水蛭般，一伸一縮地移動身體；此外，還有許多單細胞原生動物。小斑熊蟲於青苔內四處漫步時，經常會與這些生物擦身而過。這些生存於青苔間隙的生物，與熊蟲一樣擁有抵抗乾燥的能力。除此之外，雖然用低倍率的顯微鏡看不到，但其實水中還存在著數也數不清的細菌。

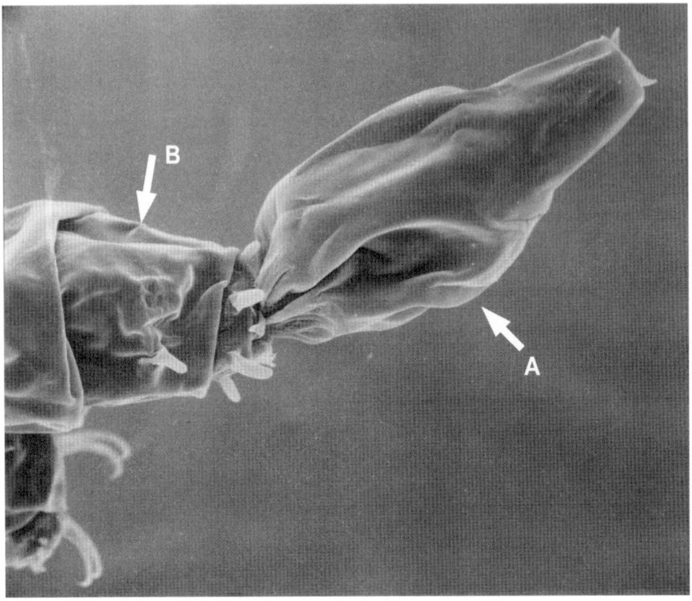


**圖 7** 小斑熊蟲（B）豪邁地吞食輪蟲（A）。
（掃描式電子顯微鏡照片，由 D. R. Nelson 教授提供）

小斑熊蟲必定會利用身邊的某種生物當作食物。我在文獻中還發現一張照片，捕捉到小斑熊蟲豪邁吞食輪蟲的瞬間（圖7）。輪蟲的頭部具有環狀的纖毛，有些在水中浮游，有些依附於其他物質匍匐前進，在淡水和海水都可看到牠們的身影（圖8）。輪蟲大致可分為單巢輪蟲與蛭態輪蟲兩類。青苔內常有許多大型（其實不到一毫米）蛭態輪蟲，但牠們對小斑熊蟲來說太大了，怎麼可能一口吞下去！因此，有人說小斑熊蟲除了吃輪蟲，還會捕食較小的線蟲和其他熊蟲。

但不管我怎麼搜尋青苔的各個角落，都看不到小斑熊蟲捕食的瞬間，連牠們是否有在為覓食努力，都無從得知。

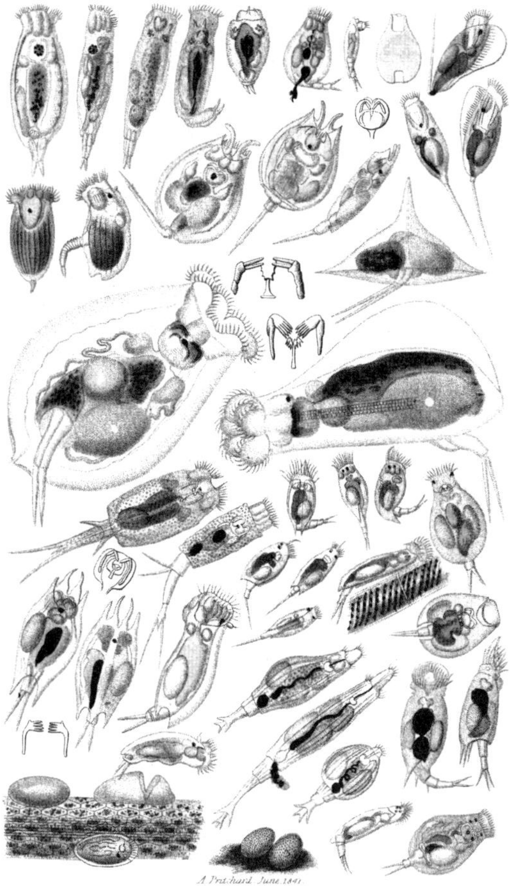


**圖 8** 各式各樣的輪蟲。
（Pritchard, A., History of Infusoria, Whittaker and Co., London, 1841）

# 飼料的問題

如果小斑熊蟲會把線蟲當作食物，作為模式生物（model organism）而常用於研究的華麗線蟲 *C. elegans*（*Caenorhabditis elegans*），應可作為飼料。於是，我便將小斑熊蟲放入正在培養線蟲的培養皿，出乎意料的是，小斑熊蟲居然被線蟲追得四處逃竄。養熊蟲果然沒那麼簡單啊！

其實在一九六四年，德國人 Baumann 的報告便提到小斑熊蟲的飼養。依照他的記載，小斑熊蟲的食物不只有輪蟲，還包括細菌、纖毛蟲、黴菌等。但是，日吉校區的小斑熊蟲卻沒有要攻擊纖毛蟲的意思。細菌實在太小，我難以觀察小斑熊蟲吃不吃細菌，至於黴菌嘛……我是很難相信小斑熊蟲會把那種東西當食物啦！

在我每天鉅細彌遺的觀察下，某一天，我終於看到小斑熊蟲一口咬下一隻小型輪蟲。喔！吃下去了！牠吃的輪蟲不是蛭態輪蟲，似乎是某一種單巢輪蟲。無論如何，我終於確定牠們把輪蟲當作食物了。嗯……那我應該可以把輪蟲當作飼料吧！不過，怎麼做才能增加輪蟲的數量呢？

要飼養肉食性動物，必須同時飼養作為其飼料的生物。

要怎麼養呢？如果有人已培養了大量的輪蟲，我只要想辦法弄到那些輪蟲，進一步培養下去就好。近年來，人們想要查資料，通常會先從網路下手，於是我也試著這麼做了。我搜尋「輪蟲培養」，雖然得到了一大堆資料，但都是被用作魚餌、棲息於海洋的海水壺形輪蟲培養方法，幾乎找不到淡水輪蟲的培養方法。嗯……該怎麼辦呢？

此時，幸運之神降臨了。我在為學生的生物學實驗課所準備的培養皿中，養了許多變形蟲，其中也有許多輪蟲在裡面恣意地繁殖。而且這些輪蟲並不是蛭態輪蟲，而是體長大約只有〇．一毫米的小型單巢輪蟲。一般來說，其他生物混入實驗要用的培養皿，會讓教學變得很麻煩，但此時這卻是我求之不得的事。我馬上用滴管吸起幾隻輪蟲，放到正在散步的小斑熊蟲旁邊。接下來會發生什麼事呢……牠會吃嗎？會把輪蟲吃下去嗎？拜託吃一下啦！實驗結果是……吃下去了！這是我第一次因為看到動物進食而那麼開心。

還有一件令人開心的事。我看到兩隻剛孵化的熊蟲，牠們馬上就捕食了輪蟲（圖9）。換句話說，只要輪蟲供應無虞，要養活各階段的小斑熊蟲大致上就沒問題。因此，接下來要思考的是「如何穩定培養輪蟲」。培養變形蟲的培養皿內，

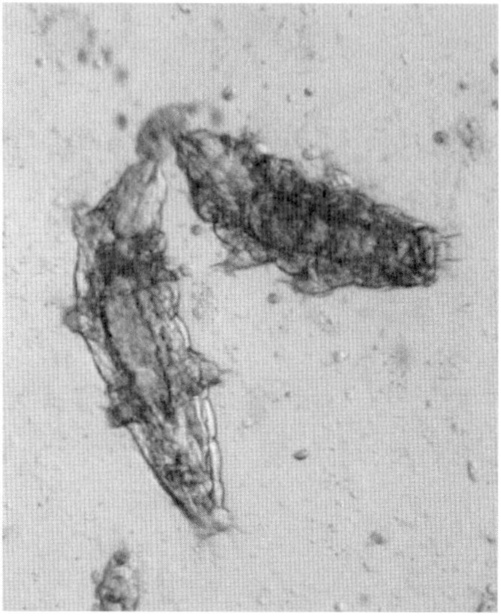

**圖 9**　兩隻一齡幼蟲吸住了飼料——輪蟲。

生出了不少輪蟲，所以只要維持相同的環境就行了吧？方法十分簡單，將米粒丟入水中，米粒周圍便會聚集許多細菌來繁殖，接著以細菌為食的微生物——唇滴蟲（*Chilomonas*），數量便會漸漸增加，接著變形蟲再將唇滴蟲當作食物。輪蟲的食物則是細菌，不需唇滴蟲與變形蟲等生物。我也不曾見過小斑熊蟲捕食唇滴蟲和變形蟲，所以我應該將這些生物趕出培養皿的環境。對現在的我們來說這相當容易理解，但在實際操作的過程中，我卻覺得不能怪以前的人為什麼相信微生物可以無中生有。先不說變形蟲，就算我一次又一次地沖洗掉唇滴蟲，過一陣子還是會有新的唇滴蟲跑出來，令我不禁想：「難道這些東西真的可以無中生有嗎？」不過，在我多次的努力沖洗之下，這些雜物終於消失了。

採於自然環境的青苔裡面也有許多輪蟲，於是我試著用相同的條件培養這些輪蟲，但做了好幾次都沒有成功。看來事情沒那麼簡單啊！而從變形蟲培養皿撈出來的輪蟲，培養起來也不是很順利，不過培養皿有那麼多輪蟲，總有幾隻可以順利繁殖吧！以這些輪蟲當飼料應該就夠了。很好，飼養小斑熊蟲的計畫慢慢成形了。

後來，我觀察到小斑熊蟲有時會吃比較小隻的蛭態輪蟲。或許在自然環境中，最好的飼料就是這種小型的蛭態輪蟲吧！

## 飼料的問題2

之所以會有「飼料的問題2」，是想要知道這些可作為飼料的輪蟲，在生物學上的種名是什麼。

若飼養與觀察小斑熊蟲的過程順利，接下來我就要開始寫相關論文了，因此不曉得飼料的種名好像怪怪的。然而，清楚列出所有輪蟲種類的圖鑑卻不太常見，於是我先從手邊現有的日語版輪蟲圖鑑開始找，可惜都找不到那種輪蟲的種名。因此，我不得不把目光移到輪蟲的研究文獻上。一旦開始深究某個問題，便有很大的機會碰上另一個需要深究的問題呢。

幸好，荷蘭最新的輪蟲分類學系列剛出版不久，於是我拿了一本來仔細尋找，最後終於被我找到當作飼料的輪蟲學名——*Lecane inermis*。其實我重新回去再看了一次日語版輪蟲圖鑑，發現上面也有記載，只是沒有列出翻譯名稱。那麼，本書後文我們就用「輪蟲」和「輪蟲飼料」來稱呼這種輪蟲吧！

## 進食方式

小斑熊蟲藉由大幅擺動身體的前半部來移動，若有輪蟲接近口器，便會猛然咬下，不過基本上還是給人在水中漫步的感覺。雖然我們可以確定，小斑熊蟲能分辨輪蟲和其他生物的差別，但牠們不會注意到輪蟲突然經過自己身旁。在小斑熊蟲的口器周圍有六根刺毛，刺毛後方還有一對乳頭狀突起物，人們認為這是小斑熊蟲的感覺器官。此外，小斑熊蟲還有一對眼點，但我們還無法確定這在覓食上，是否可派上用場。不過，通常只要有一隻小斑熊蟲在進食，周圍的小斑熊蟲便會被吸引過來一起吃。因此有人認為，小斑熊蟲可嗅到輪蟲體液的味道，進而被吸引。

## 準備飼養環境

飼料應該沒問題了，接著來看看還需要哪些飼養條件吧！

不管是小斑熊蟲還是白熊，在光滑的玻璃或塑膠培養皿的表面上，都難以行走，腳容易滑掉，幾乎無法前進。蛭態輪蟲能夠使用纖毛，自由自在地在水中移動，小斑熊蟲和牠們完全不同，移動速度緩慢，看起來相當笨拙。小斑熊蟲不只難以在光滑表面上行走，偶爾還會口器著地、倒立在塑膠培養皿上，變得動彈不得。

因此，用來培養各式各樣微生物的瓊脂培養基就成了我實驗的對象，小斑熊蟲在瓊脂上應該就能順利行走了吧！由於是要當作小斑熊蟲的地板，所以瓊脂只需要薄薄一層，像塗上一層漆就行了。接著加一點水，再將小斑熊蟲放上去。結果和我想的一樣，小斑熊蟲在瓊脂培養基上踩著悠哉的步伐前進。接下來，我試著將幾隻輪蟲放在瓊脂培養基各個角落，馬上看到小斑熊蟲吃得津津有味。

太棒了，我想這樣算飼養成功了吧？

然而，這時發生了一個問題。一般來說，製作培養微生物的瓊脂培養基時，通常會一次做一大堆，等它們凝固再放進冰箱保存，一開始我也是這麼做。但放入冷藏庫，瓊脂便會越來越乾並小幅收縮，使瓊脂本體與培養皿的接觸面產生狹小的縫隙。不巧的是，熊蟲相當喜歡狹小的縫隙。若將水和熊蟲放入培養皿，所有熊蟲便會一股腦地往縫隙鑽，接著潛到培養皿的底部，塞在那裡，最後窒息而死。這……這下糟糕了！有沒有什麼方法可以阻止這種慘劇發生呢？

把培養皿側邊的縫隙填滿就行了吧？於是我試著在培養皿壁面的頂端（亦即瓊脂與培養皿接觸面的頂端）填入一圈瓊脂，使整個培養皿都被瓊脂包覆。這麼一來，熊蟲就生活在瓊脂所構成的培養皿內，應該沒問題了吧？然而，這時又發生了一件意想不到的事。

熊蟲發現培養皿的邊緣壁面頂端多了可以落腳的空間，便開心地爬上去。這些熊蟲大多會待在水面附近遊走，但用顯微鏡觀察，可發現水面附近的熊蟲看起來活動力很差。這樣就算了，居然還有幾隻熊蟲逃離水面爬到岸上（培養皿壁面邊緣），部分熊蟲就這麼在岸上乾掉了！到底是怎麼回事啊！難道這些熊蟲是為了讓自己變乾，而特地跑上岸嗎？難道牠們並不是在忍耐乾燥環境，而是根本很喜歡乾燥嗎？

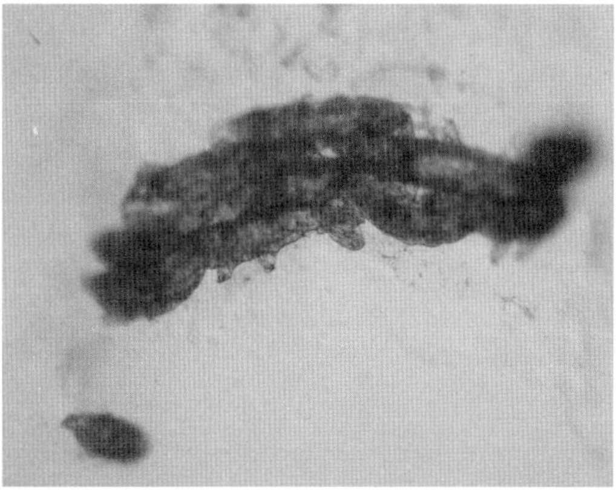

**圖 10** 瓊脂的裂縫中，有十隻以上的小斑熊蟲彼此重疊地睡在一起。

這個問題暫且不論，再這樣下去，所有熊蟲的活動力都會變得很差。我想了許多方法，但最後我覺得還是不要把凝固的瓊脂放進冰箱，而是瓊脂凝固了就馬上加水、放入熊蟲，這才是比較簡單而實在的解決方式。雖然這方法相當簡單，但這麼做至少解決了側面的縫隙問題，不會發生熊蟲潛進瓊脂底部，窒息而死的悲劇。

然而，餵食熊蟲會對瓊脂的表面造成些微破壞，這時產生的裂縫對熊蟲來說，正是不可多得的棲息地！我時常可觀察到好幾隻熊蟲待在裂縫裡面，特別是要蛻皮的時候，熊蟲一旦發現裂縫便會毫不猶豫地鑽進去（圖10），大概是因為蛻皮期完全無法移動，想盡量選一個安全的地方吧！若是在野外，牠們便會選擇青苔的葉狀體間隙。

## 照顧熊蟲的日子

至此，我終於有飼養小斑熊蟲的感覺了。從現在起，要是我沒有餵牠們，這些小斑熊蟲就真的會活不下去。我覺得自己背負著重責大任，當然，這就是我想要的。飼養小斑熊蟲時，如果能親眼見證牠們的生活史，那是再好不過的！

一九六〇年代，觀察小斑熊蟲的Baumann在論文提到，他為了尋找飼養的條件而付出了相當多的心力。一般來說，論文並不會講太多實驗的細節，所以飼養過程通常不會寫在論文裡。不過，因為他的論文發表於德國不萊梅（Bremen）的博物館期刊，故研究內容寫得很詳細。而且他是經歷了重重困難才得到研究成果的前輩，想必他在過程中也和我一樣，碰過不少問題吧！想到這裡，便讓我有動力詳讀他的論文。不過，他的研究到最後還是沒能找到最好的飼料。之後我會介紹，飼料會直接影響熊蟲的產卵量，考慮到這點，Baumann的飼養環境實在不怎麼理想，他自己的論文也有提到這一點。順帶一提，這位叫作Baumann的學者，年輕時便發表過一篇論文（一九二二年），說明熊蟲對乾燥環境的抵抗能力。其中，他用「小小的酒桶（tun）」來形容乾燥狀態的熊蟲，此後，大家便用「酒桶狀」來稱呼這個狀態。

話說回來，飼養小斑熊蟲，使我興奮又激動，每天快樂地給予飼料並清潔環境……雖然我這裡寫的是「每天」，但除了有做成長記錄的那陣子，我也不是真的每天都會做這些事。如果每天去照顧牠們，便可使小斑熊蟲一直維持在最佳狀態，但我會越來越辛苦！為了讓飼養的熊蟲一直保持活力，必須提供大量的飼料，也就是說，必須培養大量的健康輪蟲。

生物學告訴我們，從能量的觀點來看，飼養肉食性動物所需的草食性動物質量，是肉食性動物的十倍左右。請想像一下這代表什麼意思。簡單來說，飼養肉食性動物，必須飼養更多牠們所吃的動物。

## 熊蟲的糞便

那麼，小斑熊蟲的食量是多少呢？「在牠們的一生中，會吃掉多少食物呢？」這個問題以我目前所有的資料看來，還是回答不出來，不過我大概能回答牠們一次會吃掉多少食物。若將小斑熊蟲的成蟲放入有許多輪蟲的環境，牠們便會卯起來吃。某一次，我發現牠們可以在十五分鐘內，吃掉十七隻輪蟲。

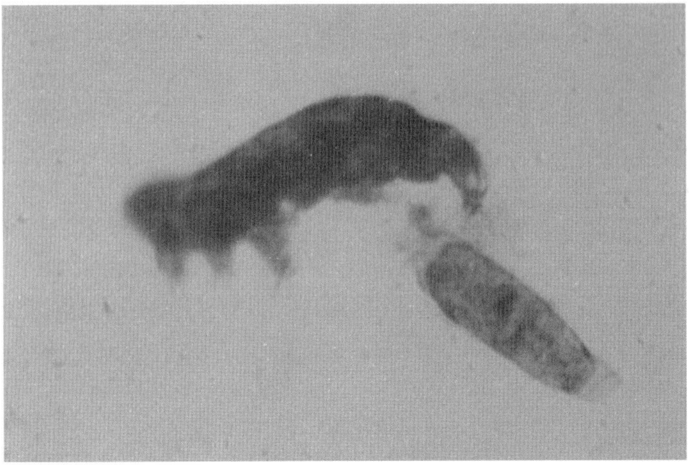

**圖 11**　小斑熊蟲大便的瞬間（圖中右下方大型長條狀物即為大便）。

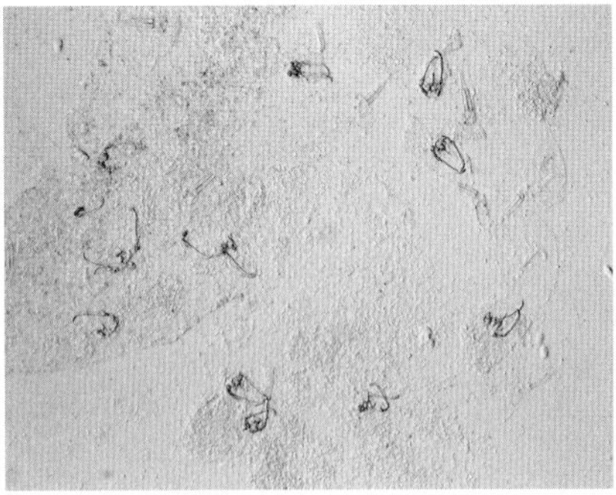

**圖 12**　以顯微鏡觀察大便，可見輪蟲的殘骸。

圖11是小斑熊蟲的成蟲在大便的照片。與牠們的身體大小對照，可見這坨大便有多巨大！在拍下這張照片時，我感動得全身發抖，連忙將大便放到顯微鏡下觀察，這才得到圖12。照片上還看得到一隻隻輪蟲的殘骸。

「我也想要看熊蟲大便的瞬間」，有這種想法的人，可以找看看有沒有肚子塞滿食物的熊蟲，說不定可以看到牠們扭扭捏捏走路的樣子喔！請一定要找找看。

## 蛻皮

當小斑熊蟲吃的輪蟲越來越多，體型即會越來越大。熊蟲與昆蟲一樣，會在蛻皮後成長。在孵化四、五天後，牠們會蛻皮兩次，成為三齡蟲。多數熊蟲從三齡蟲起，便算是成蟲，小斑熊蟲也是如此，一齡與二齡還是小孩，三齡便算是大人。而從第三次蛻皮開始，牠們會在蛻皮的同時產卵。

熊蟲的蛻皮會從身體表皮（外側堅硬部分）開始，最先蛻皮的是口器到食道的部分。有時我們可觀察到一邊吐出口器，一邊行走的熊蟲，這就是要進入蛻皮

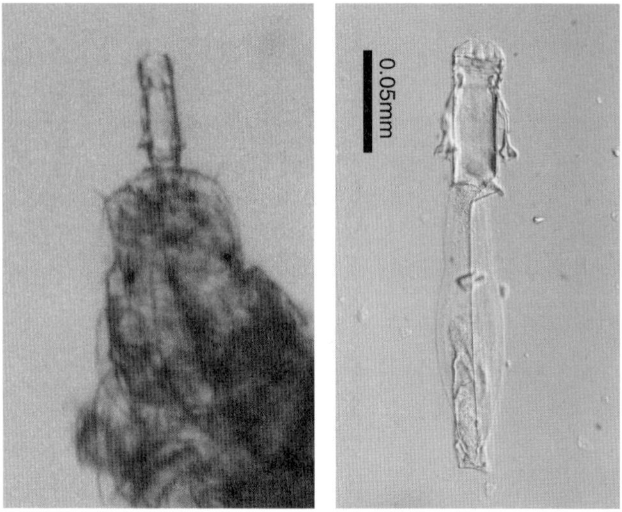


**圖 13**　（左）吐出口器的小斑熊蟲。
（右）口器至食道的皮。

第一階段的特徵（圖13）。牠們會到處漫步，由於已無法再攝取食物，所以一般認為牠們是在尋找靜僻的場所。這個時期的熊蟲，口器與平時完全不同，為了方便區別，有時會被視為另一個屬的熊蟲。一八八九年，甚至還多了*Doyeria simplex* 這個種名。因此，這個發育時期又被稱作「simplex」。

還有一件與蛻皮相關的事：棲息在淡水的熊蟲會有「孢子化」的現象。若環境逐漸惡化，熊蟲表面會形成一層層的表皮，將自己關在硬殼

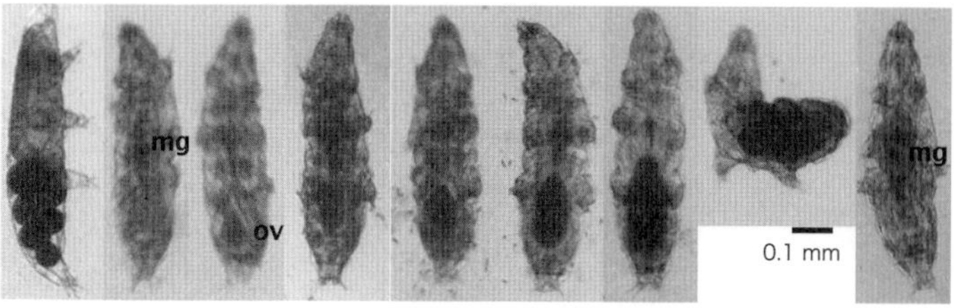


**圖 14** 卵巢的發育過程。數字為從產卵日（0）開始計算的天數，可看到身體中間的中腸（mg），以及後方的卵巢（ov）。圖中的第六天即為 simplex。

中。或許這和蛻皮機制有某種程度的關係，但相關研究目前仍有待努力。

## 產卵

小斑熊蟲三齡以後的蛻皮，會與產卵同時進行。熊蟲全身透明，故從外部就能看出卵巢的發育情形（圖 14）。親代小斑熊蟲會先產卵再蛻皮，接著從硬殼中爬出來。實際觀察熊蟲的產卵情形，可看到卵巢附近的身體規律地收縮，看起來就像是陣痛。

產卵過程很快就結束了，但如果我們仔細觀察產卵過程（圖 15），會發現事情沒那麼簡單。圖 15 從產卵開始到結束，只花了不到兩分鐘的時間。不過這些照片，是在我們覺得這隻小斑熊蟲快要產卵時，將顯微鏡對準這隻小斑熊蟲好一陣子，才拍到的照片。

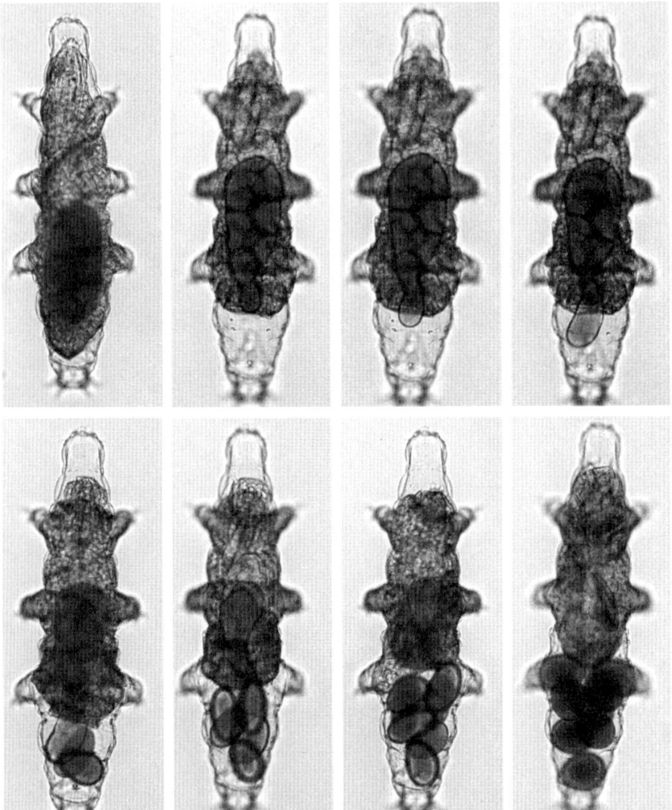

**圖 15**　小斑熊蟲的產卵過程。

在我個人的觀察記錄中，小斑熊蟲一次產卵約可生下一到十五顆卵（彩頁插畫5），而文獻出現過的產卵數最多為十八顆。產卵數主要是受到母體營養狀態的影響。若我因為太忙而一週只餵一次飼料，或是培養皿內的熊蟲數量過多，便會嚴重影響到產卵數，每隻小斑熊蟲可能只會產下一到兩顆卵。相對地，我若辛勤照顧牠們，通常可產下六到八顆卵。當我看到許多皮蛻內，有十個以上的卵，便感到一直以來的辛苦有了回報。

Baumann的論文提到，熊蟲每次的產卵數平均約為三、四顆，最多為六顆。與其說是飼養方法造成差異，我認為比較有可能是營養供給未能達到最佳狀態。

## 母與子

親代熊蟲完全蛻皮之前便會先產卵，所以媽媽和卵有一段時間會同時待在舊的殼內。彩頁的插畫5是一個只產下一顆卵的小斑熊蟲媽媽正對著鏡頭，此時牠的卵已經開始分裂了。

媽媽和牠的卵在幾個小時內都會維持這個狀態，通常隔天便會完成蛻皮，但媽媽可能過了數天也爬不出舊殼，就這樣在裡面結束生命。

**表 2**　小斑熊蟲的產卵記錄與壽命

| 編號 # | 產卵次數 | 產卵的間隔天數 | 胎卵數 | 總卵數 | 壽命（日） | 最終齡 |
|---|---|---|---|---|---|---|
| 1 | - | - | - | - | 14* | 3 |
| 2 | 0 | - | - | 0 | 15 | 3 |
| 3 | 1 | 13 | 5 | 5 | 21 | 4 |
| 4 | 2 | 14, 22 | 3, 7 | 10 | 33 | 5 |
| 5 | 2 | 18, 28 | 6, 6 | 12 | 41 | 5 |
| 6 | 3 | 16, 24, 33 | 6, 8, 7 | 21 | 42 | 6 |
| 7 | 3 | 15, 25, 40 | 7, 6, 3 | 16 | 43 | 6 |
| 8 | 3 | 12, 20, 26 | 5, 7, 8 | 20 | 45 | 6 |
| 9 | 3 | 14, 22, 34 | 5, 8, 4 | 17 | 49 | 6 |
| 10 | 4 | 16, 24, 31, 43† | 8, 7, 10, 3 | 28 | 43 | 6 |
| 11 | 4 | 17, 24, 31, 36 | 7, 10, 10, 11 | 38 | 52 | 7 |
| 12 | 5 | 16, 23, 30, 36, 46† | 5, 8, 10, 10, 4 | 37 | 46 | 7 |
| 13 | 5 | 15, 22, 31, 37, 48† | 4, 6, 6, 9, 3 | 28 | 48 | 7 |
| 14 | 5 | 17, 24, 29, 36, 44 | 5, 8, 11, 6, 6 | 36 | 47 | 8 |
| 15 | 5 | 16, 24, 31, 43, 51 | 7, 9, 6, 4, 8 | 34 | 57 | 8 |
| 16 | 5 | 15, 26, 33, 39, 46 | 9, 6, 7, 11, 8 | 41 | 58< | 8 |

# 將十六隻小斑熊蟲依照產卵次數與壽命，依序編號。

* 在第十四天失去蹤影。

† 產卵後不蛻皮即死亡。

## 成長記錄與壽命

一般人總覺得熊蟲可以活很久，所以沒什麼人記錄牠們的活動期有多長。

於是我選了三個卵塊，共十六隻小斑熊蟲，觀察牠們從孵化到死亡的過程。我用裝有數位相機的解剖顯微鏡，每天拍攝牠們的照片，再利用圖像估計身體長度（表2與圖16）。成

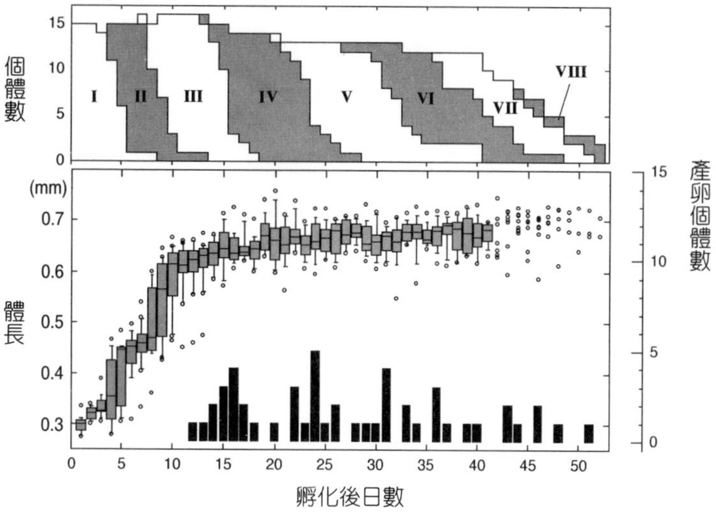


**圖 16** 在25°C下，小斑熊蟲的成長記錄。（上）各齡別的個體數，齡數以羅馬數字表示。（下）體長變化以盒鬚圖表示，盒中央的橫線表示中位數，盒的範圍包含25%到75%的樣本。黑色長條圖則表示產卵的個體數。由此圖可見，三齡以上的個體，蛻皮時會伴隨產卵。

長最快的個體在孵化後十二天，便產了卵（表2的8號），而蛻皮次數最多可達到八齡（編號14至16）。壽命最長的個體（編號16）總共產卵五次，共四十一顆卵。這個個體在第五十五、五十七天時，跑到培養皿邊緣並離開水面，看似要開始乾眠。但我這兩次都在旁邊加水，強制讓牠恢復原狀。然而，到了第五十八天，這隻小斑熊蟲又開始第三次的乾眠行動，於是

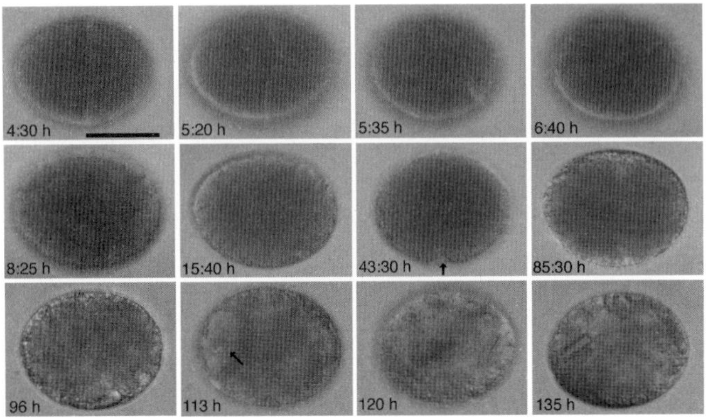


**圖 17**　小斑熊蟲的胚胎發育。比例尺：0.05 mm

我就停止觀察記錄了。事實上，由於這三個卵塊的產卵日有些差距，連續觀察牠們兩個半月的我，說不定比產卵的熊蟲還要累。話說回來，如此長壽的個體，到了晚年卻一直嘗試乾眠，這究竟是偶然，還是對「活著」這件事膩了，想要休息一下呢？而想到這個問題的我，是不是太鑽牛角尖了呢？

雖然在那之後，我便沒有再詳細記錄牠們的成長情形，但我曾看過兩三個可活到四個月以上的例子。在自然狀態下，牠們會時不時地進入乾眠狀態，所以實際壽命其實更長。假設環境為二十五度恆溫，熊蟲的活動期可達五十天，若乾眠不影響壽命，一週只要活動一天，壽命便可長達一年之久。若是處於低溫狀態，小斑熊蟲的壽命應能更長。

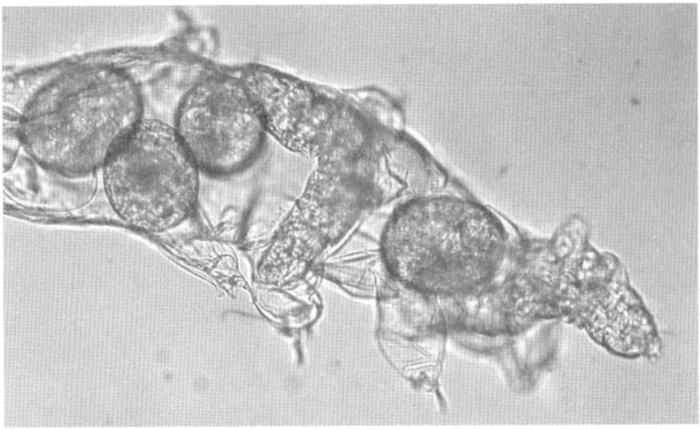

**圖 18** 努力從皮蛻的出口爬出來的幼蟲（右端），皮蛻內還有另一隻幼蟲正在尋找出口。

## 胚胎發育

無論飼養環境的溫度是否恆定，從產卵到孵化的間隔大約是五到十六天，範圍相當大。圖17為胚胎發育的樣子，第一卵裂（產卵後四小時三十分，後文以 4:30 h 的方式表示）會沿著垂直於卵長徑的方向分裂，使卵形成二等分的子細胞。兩個子細胞的第二卵裂（5:20～5:35 h）會在不同時間點發生，所以有三細胞期、四細胞期等階段。此後，各個子細胞會在不同時間點分裂。

小斑熊蟲的卵不透明，故卵裂後，細胞的輪廓也不怎麼清晰。雖然如此，還是能看得出卵逐漸發育成為桑椹胚（8:25 h）

與囊胚（15:40 h）。產卵後大約四十一小時，胚的表面即逐漸變透明，腹側溝的主要細胞將開始分化（43:30 h），此後胚胎會變得更透明，可觀察到胚胎的旋轉（96 h）。旋轉頻率逐漸增加的同時，口器也變得越來越清楚（113 h），之後的發育速度（120 h, 135 h）則各有異。在孵化出來的前一刻，可以觀察到幼蟲利用口器戳卵殼，一口氣破卵而出。幼蟲打破卵殼的同時，會恣意伸展自己的身體，並在媽媽的皮蛻內到處爬行、尋找出口，最後接觸到外面的世界（圖18）。

## 熊蟲的胚胎發育學

其實，熊蟲胚胎發育學的相關資料，在 Marcus（一九二九年）之後，有很長的空白期。

在 Marcus 關於熊蟲發育的記錄中，中胚層是由腸體腔發育而成的，然而從熊蟲與其他動物的親緣關係（分類）來看，這讓人不禁疑惑。以基因為生物分類，可依中胚層是由裂體腔還是腸體腔發育而成的這一點，將之分成兩大類，一般認為緩步動物屬於前者。不過目前學界多認為發育過程的相似程度，不一定能反映物種的親緣關係，故熊蟲發育過程是否能作為分類的依據，還有待驗證。

Hejnol 與 Schnabel 於二〇〇五年所發表的研究報告，進一步提供了新資訊，他們用４D顯微鏡觀察熊蟲透明卵的發育過程，亦即先記錄胚胎在各個時間點的３D圖像，接著利用電腦分析不同時間點的變化，以追蹤熊蟲胚胎發育時，每個細胞的分化過程。而他們得到的結果顯示，中胚層並非由腸體腔發育而成，而是由側面的中胚層帶發育而成。另外，熊蟲的胚胎內，雖然還不到能隨意分化的程度，但各個細胞未來的發育、分化似乎相當自由。我們脊椎動物的發育和牠們有類似的自由度，與之對照，模式生物線蟲 *C. elegans* 的每個細胞，命運都已被嚴格確定了。

## 熊蟲的性事

我在觀察熊蟲以前，研究的是昆蟲的精子形成過程。即使研究對象改變了，但若有機會，我還是想親眼看看精子形成的過程。然而如各位所見，我所飼養的小斑熊蟲皆有產卵，換句話說，它們皆為雌性，且進行孤雌生殖。

基本上，熊蟲還是能進行有性生殖，不過棲息在青苔內的物種皆為雌性，因此可能會有人以為大多數熊蟲都是孤雌生殖。其實熊蟲的有性生殖並不少見，有幾個物種甚至是雌雄同體，雖然數量相當少。

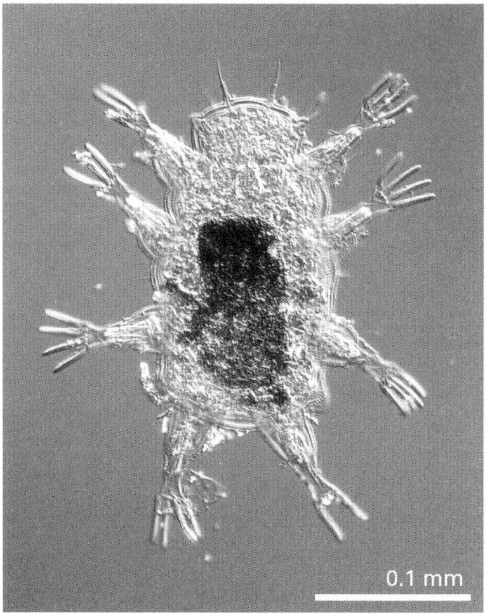


**圖 19** *Orzeliscus* 屬的熊蟲（日本產）。
（R. M. Kristensen 教授提供）

有性生殖的意義，不外乎是藉由基因交換來增加多樣性。雖然很多人都這樣想，但其實真正的原因還不清楚。有些動物完全沒有雄性，例如蛭態輪蟲即是相當有代表性的物種。藉由單雌生殖來迅速擴展族群的例子，並不罕見。

棲息於海中的熊蟲物種，皆有雌雄兩性，基本上是有性生殖，還沒見過孤雌生殖的例子。不過有一個物種被判定為雌雄同體，Marcus 的妻子 Eveline，一九五二年發表了一個新的屬與新物種——*Orzeliscus belopus*。此後，在世界各地的海洋也陸續發現了這個物種，但沒有一隻是雄性。後來，Kristensen 發現了幾個個體的精子，故得到這個物種是雌雄同體的結論，目前科學家仍在研究其生殖器的構造。圖 19 是在日本近海採集

到的 *Orzeliscus* 屬熊蟲，和在其他海域所發現的 *Orzeliscus*，在形態上有所差別，說不定將來會分類為其他物種。

話說回來……雖然剛才提到我們採集到的熊蟲「皆為雌性」，但後來我發現在日吉校區的小斑熊蟲中，有少數個體的形態與其他個體有些微差異。仔細觀察才發現，原來牠們就是雄性個體（圖20）。雄性小斑熊蟲第一對附肢的爪特別大，從外表便能明顯分辨。

然而，對於這個全是雌性的族群來說，並不需要雄性個體。即使要進行有性生殖，若對象是基因組成與原族群完全相同的雄性個體，便一點意義也沒有。這隻雄性個體可說是悲劇英雄，如果牠能接觸到其他族群的個體，大概就能一展雄風吧！總而言之，人們至今仍不知道為何會出現雄性個體。說不定這位熊蟲的悲劇英雄，會在我們探討「有性生殖如何演化」等更大的議題時，成為解決問題的關鍵角色。

## 待解的疑問

雄性個體的出現是個待解的疑問，然而除此之外，仍有許多我們尚不明白的

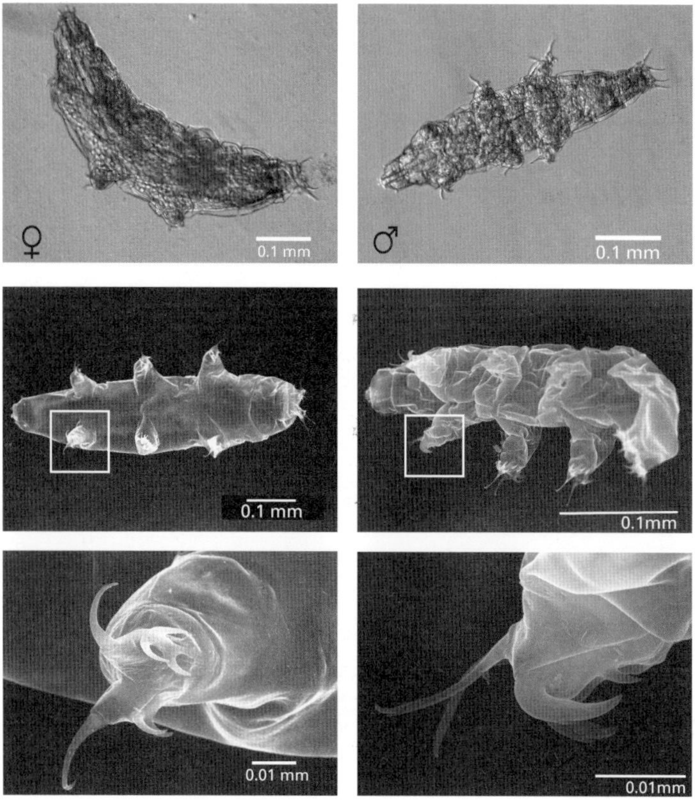


**圖 20**　熊蟲的雄性個體（右）現身！雄性的第一對附肢，爪像一個巨大的鉤子。

部分。「熊蟲的壽命可以多長？」像這樣的問題我們目前也沒有明確的答案。先前提到，我在編號16的熊蟲乾眠後，便中斷了觀察記錄，但若給予水分使牠復活，或許牠能活得更久。義大利摩德納大學的團隊飼養了另一種熊蟲，在大多數個體死亡後，仍有少數個體苟延殘喘地活著，其中，活動時間最長的個體可活超過五百天，或許小斑熊蟲的某些個體也能那麼長壽。「為什麼你觀察到一半，就不幹了呢？」那個團隊的研究者曾這麼問我。「該怎麼說呢——就覺得有點累了。」我只能不好意思地如此回答。總之，即使基因幾乎相同，只要飼養條件稍有不同，便可能使個體產生相當大的差異。

在胚胎發育的期間，每個個體便會產生相當大的差異。若熊蟲在胚胎的發育時期，環境有所變化，會發生什麼事呢？在自然環境中，胚胎發育時，環境可能會有好幾次變乾燥，而胚胎的發育狀況可能和這有很大的關係。換句話說，乾燥的環境對於棲息於青苔的熊蟲來說，並非死路一條，說不定這反而是讓牠們的生育得以延續的重要條件。義大利摩德納大學的研究人員發表了一篇論文，說明卵的乾燥與胚胎發育的關係，然而要解決相關謎題，還有一段很長的路要走。

雖然還有相當多的疑問，但我們算是大致看過一遍小斑熊蟲的生活史了。我研究熊蟲的第一步，就是前文列出的觀察記錄，並於二〇〇一年秋天，在日本動物學會大會（福岡）發表。我在海報寫上「小斑熊蟲的採集與飼養」，作為我的標題。少年時代的夢想終於成真，是我相當珍貴的回憶。

COFFEE BREAK

## 小斑熊蟲的學名

一八四〇年九月四日，巴黎科學學會的 Doyère 發表了論文《關於熊蟲》，首次介紹了小斑熊蟲，並刊載於《自然科學年報》（*Annales des Sciences Naturelles*）。小斑熊蟲的學名為 *Milnesium tardigradum*，屬名 *Milnesium* 來自於法國著名動物學家 Milne-Edwards（圖21）。Doyère 是無脊椎動物學（例如甲殼類）權威級年報的編輯者，隔年他即成為法國國立自然史博物館的無脊椎動物部門教授。此外，小斑熊蟲的種小名（二名法中，物種名的第二部分稱為種小名，另一部分則為屬名）*tardigradum* 有「緩慢行走」的意思。

事實上，小斑熊蟲的行走速度在熊蟲中，算是相當快的。在 Baumann 的論文也有提到這一點，小斑熊蟲的速度大約是每秒〇．一毫米。但無論如何，這只是跟其他熊蟲比較的結果，連草履蟲的移動速度都比熊蟲快多了……

法國國立自然史博物館於法國大革命後的一七九三年，設立於當時的皇家植物園內，聚集了 Lamarck、Geoffroy Saint-Hilaire 等著名成員，以比較解剖學、動物分類學、古生物學等，作為研究重點。古生物學與比較解剖學的陳列室，直到現在仍以壓倒性的收藏量，在此迎接前來參觀的人們。

**圖 21** 屬名 *Milnesium* 取自於 Milne-Edwards。在古生物學與比較解剖學的陳列室前，有 Doyère 的雕像，與 Geoffroy Saint-Hilaire、Cuvier 等人的雕像並列。

**圖 9, 11, 12, 13, 15, 16, 17, 18** （取自 Suzuki, A. C., Life history of *Milnesium tardigradum* Doyère (Tardigrada) under a rearing environment, Zoological Science 20: 49-57, 2003）

**圖 14** （取自 Suzuki, A. C., Ovarian structure in *Milnesium tardigradum* (Tardigrada, Milnesiidae) during early vitellogenesis, Hydrobiologia 558: 61-66, 2006）

# 熊蟲傳說的歷史

「熊蟲是什麼呢？」或許有些人會因為想知道答案，而在網路上搜尋，卻被跑出來的網站數量嚇到。（雖然也可能是因為搜尋熊蟲的日文「くまむし」，卻跑出毒蝮三太夫「どくまむしさんだゆう」，而感到莫名其妙……）前不久我們提到，就算是生物學的相關人士，仍有不少人沒聽過這種生物。不過熊蟲有著一群對牠特別有興趣的死忠粉絲，因為熊蟲實在太特別了。

就像我在序所提到的，坊間有不少熊蟲的謠言實在過於誇大，例如「不管怎麼搞都不會死」、「地表最強的生物」、「可以活超過一百年」，到底有什麼根據能支持這些說法呢？

我來整理一下這些傳說，看看熊蟲到底有沒有那麼厲害吧！首先，讓我們來看看熊蟲何時開始出現在人類的記錄中，一起來探尋人類研究熊蟲的歷史吧！

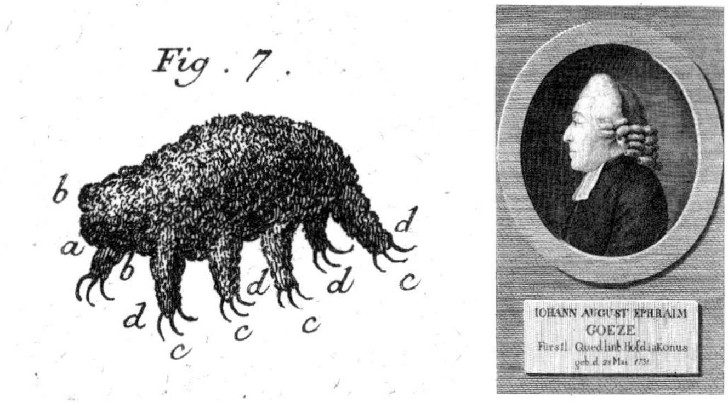


**圖 22** Goeze（右）與他的熊蟲（左）。
（熊蟲的圖出自 Goeze, J. A. E., Herrn Karl Bonnets Abhandlungen aus der Insektologie, Über den kleinen Wasserbär, J. J. Gebauers Wittwe und Joh. Jac. Gebauer, Halle, 1773。Goeze 的肖像為筆者收藏的銅版畫）

事實上，熊蟲的特殊能力在十八世紀，便已為人類所知。

## 研究的開始

一七七三年，德國奎德林堡 St. Blasii 教會的 Goeze 翻譯了一本瑞士博物學家 Bonnets 的著作《昆蟲學》（Bonnets 是蚜蟲孤雌生殖的發現者），並加入自己的觀察結果再出版。這本書是首次記載熊蟲的文獻（圖22），他將這種動物命名為 Kleiner Wasserbär（小小的水熊），在相關說明也用 Bärthierchen（現代則記為 Bärtierchen）來稱呼熊蟲。

但澤自由市（現今波蘭的格但斯

克）St. Catherine 教會的 Eichhorn 在一七七五年出版的著作，提到「他在一七六七年六月十日就看過 Wasser-Bär 了」。這就像猜拳時「慢出」一樣，沒有受到重視。而且他所畫的熊蟲附肢有五對（圖23）。

Goeze 記錄熊蟲的隔年，也就是一七七四年，義大利的 Corti 取出堆積在屋簷排水管的沙子，加入一些水，放在顯微鏡下觀察。他發現除了輪蟲，還有一些看起來像 brucolino（小型毛毛蟲）的小生物被喚醒了。他當時所看到的生物很有可能是熊蟲。另外，他指出一個重點：若要讓這些生物順利被喚醒，乾燥過程應該

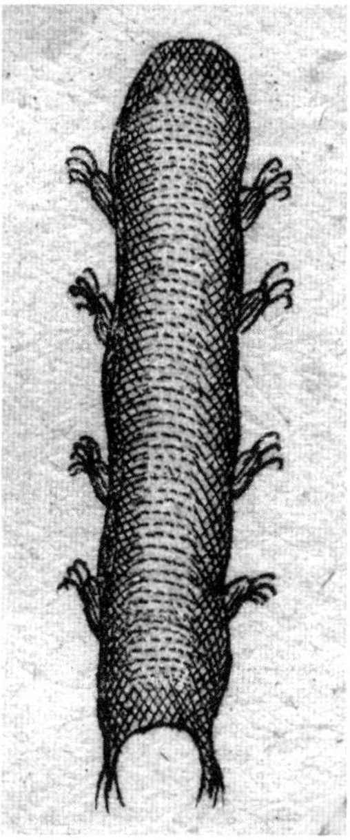

**圖 23** Eichhorn 的熊蟲。
（Eichhorn, J. C., Beyträge zur Natur-Geschichte der kleinsten Wasser-Thiere, Johann Emanuel Friedrich Müller, Danzig, 1775）

緩慢進行。

順帶一提，人類內耳耳蝸的核心——柯帝器（organ of Corti），名稱則是來自另一位科學家，這位 Corti 活躍於下一個世紀。

## 死亡與復活

「乾燥狀態的動物，吸了水會被喚醒。」一七〇一年，顯微鏡開發者、荷蘭科學家 Leeuwenhoek（雷文霍克），首次提出這個現象。他在乾掉的屋簷排水管內發現輪蟲有這個現象。一七四二年，英國的 Needham 觀察到，線蟲也有同樣的情形。一篇於一七七六年發表的論文再次指出，熊蟲能適應「乾燥」這種極端的環境。這篇論文由 Spallanzani 發表，和輪蟲相比，他覺得這種動物遲鈍得像烏龜一樣，故把它稱作 tardigrada（遲鈍的）。這個名字後來變成緩步動物門的字源。他的論文描述他如何將輪蟲、線蟲與熊蟲等動物風乾，使牠們先「死」一次，再使牠們「復活」。

以前的人一看到熊蟲乾掉，便認為牠們已「死亡」，即使以現代的眼光來看，也很難相信乾掉的熊蟲還活著……還是說，因為 Corti 和 Spallanzani 是神職人員，所以他們讓熊蟲死而復生的實驗，有什麼神聖的意義嗎？就算沒有，這個不可思議的實驗也在許多人的心中，留下深刻的印象。

Spallanzani 指出，在乾燥狀態（也就是「死亡」狀態）下，這些動物可以忍耐七十度的高溫，並且復活。這是人們第一次知道，乾燥狀態下的動物還能抵抗乾燥以外的極端狀態。此外，他亦得到與 Corti 相同的結論：若將這些動物急速風乾，便無法再「復活」。於是大家更確定，若要使牠們復活，風乾的速度不能太快。

所以，人們發現熊蟲這種生物不久，便知道牠們擁有這些特殊能力。然而在那個時代，科學家還沒有完全放棄生物會「自然發生」的理論，所以反對牠們會復活的人認為，乾燥的物質本來就可以自然產生新生命，因此才有這種看似復活的現象。也就是說，這種現象甚至可以成為自然發生說的證據，而被自然發生論者加以利用。否定自然發生說的 Spallanzani 與支持自然發生說的 Needham 之間的爭論，在科學史上相當有名，但與這個爭論有密切關係的熊蟲特殊能力，卻意外地鮮為人知。這個爭論的勝負，要等到一百年後，才可由近代細菌學的開山祖師——巴斯德，所做的實驗分出勝負。此實驗的過程可參考他的著作《自然発生説の檢討》（日本岩波文庫）。

## 成為「自然系統」一員的熊蟲

一七八五年丹麥的 O. F. Müller 發表了一個熊蟲物種，學名為 *Acarus ursellus*。這是首度使用二名法（又稱雙名法）命名的熊蟲（彩頁插畫2）。二名法是指用拉丁語寫成的屬名與種小名，組合而成的物種學名命名法，由瑞典的博物學家 Linnaeus（林奈）所創立。第一個在分類學佔有一席之地的熊蟲，被認為是塵蟎的親戚，收錄於一七九〇年出版的《自然系統・第十三版》（*Systema Naturae*，將生物分類系統化的 Linnaeus 著作《自然系統》於一七五三年初版，而自一七五八年的第十版開始，便使用現行國際動物命名規則來為動物命名）。

在 Müller 色彩平淡的圖中，可看到正在皮蛻內產卵的熊蟲，以及剛出生的小熊蟲。可惜的是，我們無法確定 Müller 所繪的到底是哪一種熊蟲，雖然有些人認為牠和 Dujardin 所確認的熊蟲是同一物種，但目前我們仍將之視為無效的學名。

## 十九世紀的熊蟲

進入下一個世紀，熊蟲新種的發現如雨後春筍般出現。

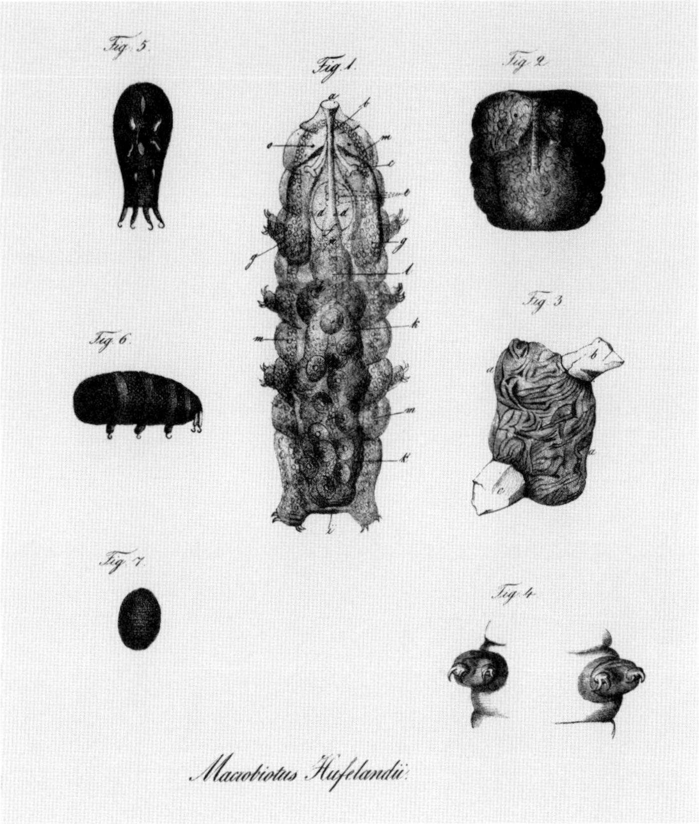


**圖 24** C.A.S. Schultze（1834）發表的 *Macrobiotus hufelandi.* 左側 Fig. 5 到 7 引用自 Spallanzani 的圖。

（Schultze, C. A. E., Macrobiotus hufelandii. Animal e crustaceorum classe novum, reviviscendi post diuturnam asphyxiam et ariditatem potens, Apud Carolum Curths, Berlin, 1834）

第一個使用正式學名，並持續沿用到現在的熊蟲，是一八三四年由 C.A.S. Schultze 所發表的 *Macrobiotus hufelandi*（圖24）。他原本將這種熊蟲分類在甲殼類的等足目（與鼠婦、海蟑螂同類）。圖24畫了在乾燥狀態下、呈酒桶狀的熊蟲，而且還引用 Spallanzani 的圖做比較，相當有趣。Spallanzani 是一位卓越的生理學家，但在生物形態的記錄上，似乎沒那麼專業。Schultze 以拉丁語出版這篇論文，然而某本引用這篇論文的德語雜誌在報導文章之後，加上一篇 Ehrenberg 的批評。Ehrenberg 是一位研究輪蟲的專家，他認為 Schultze 的論文所描述的，熊蟲能從乾燥狀態復活的部分並不合理。

Schultze 為熊蟲取的種小名來自 C. W. Hufelandii 的姓。他是威瑪宮廷的御用醫師，以一七九六年出版的《長壽學》（*Makrobiotic*，書名暫譯）為人所知。顯然，Macrobiotus 這個屬名便是來自這本書。日語把這個物種的屬稱作「長命蟲屬」，種名則是「長命蟲」。（在這種日語名稱與英文學名不相同的情況下，用日語稱呼牠們有沒有意義呢？我也不曉得。雖然小斑熊蟲也有類似的情況……）

一八三八年，法國的 Dujardin 在《自然科學年報》上，發表一篇與熊蟲相關的論文。這篇論文稱熊蟲為 tardigrades，沒有特別為牠們命名，但論文中收錄許多精美插畫，例如熊蟲的側面圖，以及好像正面比出勝利手勢的樣子。這些插畫相當吸引人（圖25）。

一八四〇年，Doyère 以〈關於熊蟲〉為題，發表一篇相當長的論文，其中有許多熊蟲是首次文獻記錄，小斑熊蟲即為其中之一。Schultze 所觀察的熊蟲也出現在論文中，並附有精美的插畫（圖3上方）。而 Dujardin 所發現的熊蟲，則被命名為 *Macrobiotus Dujardin*（目前為 *Hypsibius dujardini*）。這篇論文所記錄的觀察報告相當詳細，即使到了現在仍適用。你看到 Doyère 的圖，一定會對他鉅細彌遺的觀察讚嘆不已（圖26）。在這之後，他還發表了兩篇後續論文，其中一篇論文描述熊蟲在乾燥狀態下的抵抗能力：熊蟲加熱到攝氏一百二十度，維持數分鐘再放入室溫水中，仍能再次甦醒。Doyère 的這三篇論文後來被整理成一本書，成為他的學位論文並出版（一八四二年）。本書開頭彩頁插畫3的小斑熊蟲即節錄自這本書。

## 海裡的熊蟲

一八五一年，Dujardin 發表了第一個生存於海洋的熊蟲。他不使用二名法命

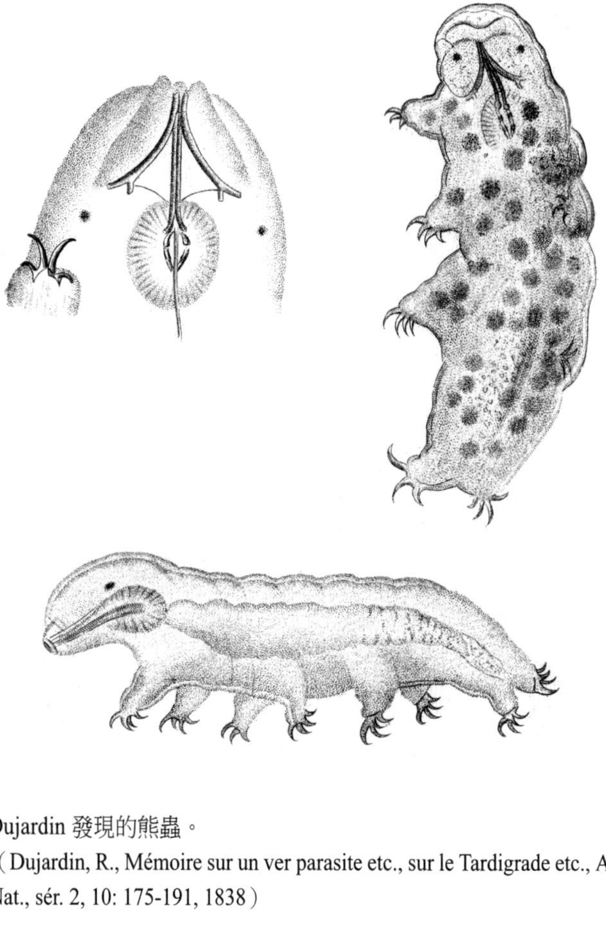

**圖 25** Dujardin 發現的熊蟲。

（Dujardin, R., Mémoire sur un ver parasite etc., sur le Tardigrade etc., Ann. Sci. Nat., sér. 2, 10: 175-191, 1838）

名，而是用單名*Lydella*稱呼牠。這個物種被認為很可能是*Halechiniscus guiteli*（由Richters 發現）的幼蟲（圖27）。

第一個以二名法命名的海生熊蟲為一八六五年，M. Schultze 所發表的*Echiniscus sigismundi*（磯棘熊蟲，後來被改分到 *Echiniscoides* 屬，圖28）。文獻

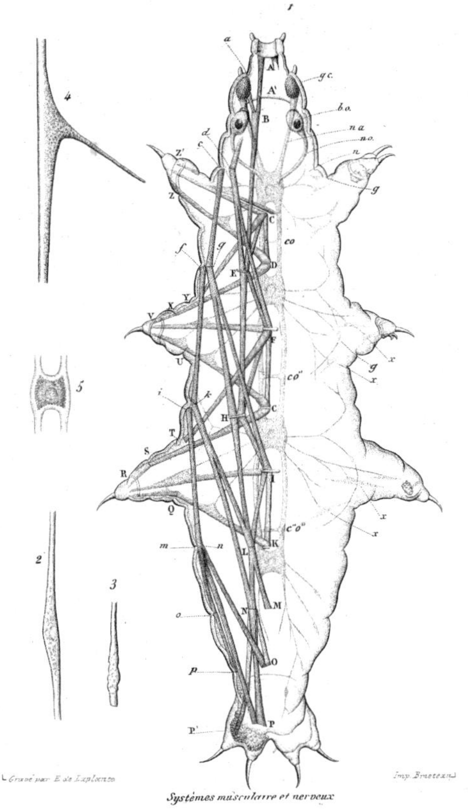


**圖 26** Doyère 發現的熊蟲，肌肉與神經系統。（Doyère, L., Mémoire sur les tardigrades, Ann. Sci. Nat., sér. 2, 14: 269-361, 1840）

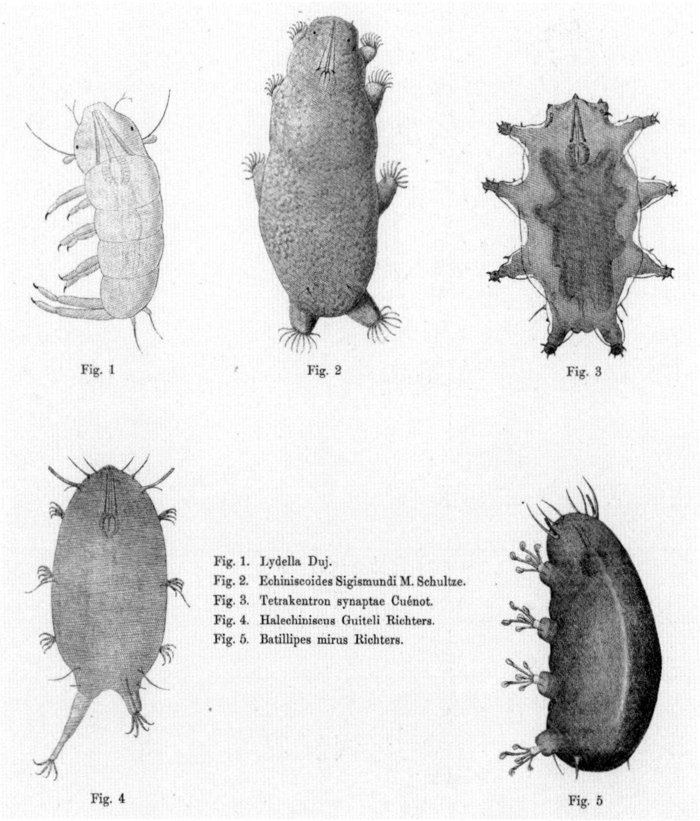


**圖 27** 摘自 Richters 的《海裡的熊蟲》。
1. Dujardin 的 *Lydella*；2. 磯棘熊蟲 *Echiniscoides sigismundi*；3. 寄生型熊蟲 *Tetrakentron synaptae*；4. *Halechiniscus guiteli*；5. *Batillipes mirus*（Richters, F., Marine Tardigraden, Verh. Deutsch. Zool. Ges., 19: 84-94, 1909）

記載這種熊蟲是在青海苔等海藻內找到的，但牠們其實主要是居住在藤壺內。Kristensen 與 Hallas（一九八〇年）指出，一個藤壺可找到五百七十三隻熊蟲，相較之下，就算將岩石上所有青海苔收集起來，也只能找到約十隻熊蟲。換句話說，磯棘熊蟲大概是不小心從藤壺掉出來，才會跑到青海苔上。我們經常可在藤壺外殼的縫隙找到牠們，牠們很可能是以附著於藤壺外殼的綠藻類為食。雖然在丹麥常可看到與藤壺共生的熊蟲，但在地中海與黑海地區似乎不是那麼一回事。看來，關於熊蟲的生態還有許多我們不明白的部分呢。

此外，研究者在藤壺內部還發現了另一種與磯棘熊蟲類似、附著於藤壺上的熊蟲，學名為 *Echiniscoides hoepneri*。這個物種會吃藤壺的身體，是第二個被證實有寄生行為的熊蟲。人類第一個發現的寄生型熊蟲是 *Tetrakentron synaptae*，

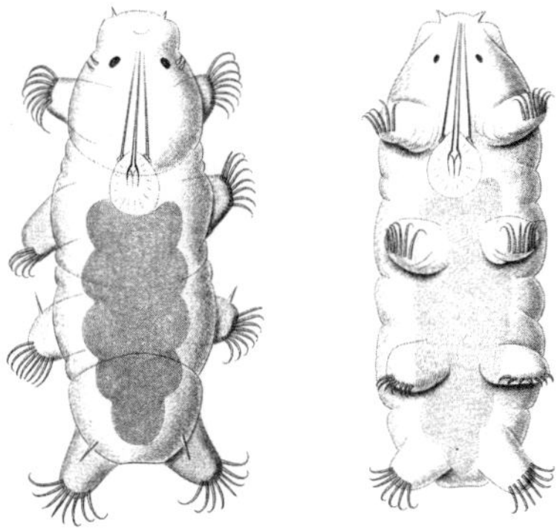

**圖 28** M. Schultze的磯棘熊蟲 *Echiniscus sigismundi*，現為 *Echiniscoides sigismundi*。（Schultze, M., Echiniscus sigismundi, ein Arctiscoide der Nordsee, Arch. Mikrosk. Anat., 1: 1-9, 1865）

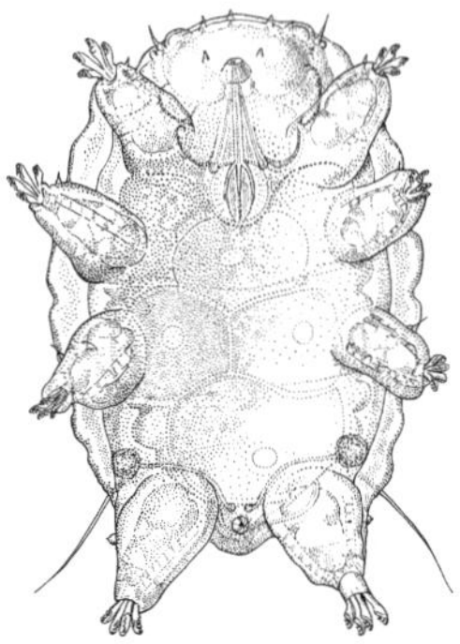

**圖 29** 寄生在錨海參觸手的熊蟲 *Tetrakentron synaptae*。（圖由 R. M. Kristensen 教授提供）

一般認為牠寄生在錨海參的觸手，並以其細胞為食（圖29）。

不過，海生熊蟲通常沒什麼人關心，或許是因為大家對熊蟲的興趣來自牠們對乾燥環境的驚人抵抗力，然而多數的海生熊蟲到了乾燥環境，便會馬上死亡。棲息於藤壺殼的磯棘熊蟲雖然能忍受乾燥環境，但藤壺內其他熊蟲一旦乾掉便會死亡。抵抗乾燥的能力原本就是為了在陸地上生存才發展出來的，海生熊蟲當然不需要這樣的能力。不過，就像其他生物一樣，大海是熊蟲的故鄉，目前在海中仍棲息著相當多種熊蟲。

與陸地的種類相比，生活在海中的熊蟲形態更多樣，其中有些種類就像圖30的熊蟲一樣，身上有許多華麗的裝飾。這些顯微鏡下才看得見的構造可能具有魚鰾的功能，或可用於附著在其他物體上。然而，熊蟲在海底如何實際使用這些構造，我們仍無法確知。海中的生物仍有許多謎團，直到今日，我們偶爾還會發現新的大型深海魚類，卻對牠們的生態一無所知，深海的熊蟲更不用提了，人們不知何時才能親眼見證牠們的生態。

許多人認為未來我們會在海中陸續發現新的熊蟲物種。丹麥哥本哈根大學動物學博物館的 R. M. Kristensen，在體長低於一毫米的小動物分類研究上，有許多新突破。他設立了 Loricifera（鎧甲動物）與 Cycliophora（環口動物）等新的動物門，在熊蟲的研究上也是相當出色的研究者。但在他所蒐集的海生熊蟲中，仍有相當多物種未被命名。照他的說法，生存於海底沉積物的熊蟲，即使被調查船拉至海面，承受了劇烈的壓力變化仍不會有事，但從冰冷的海底拉到船上時，急遽上升的溫度卻是熊蟲的致命弱點。

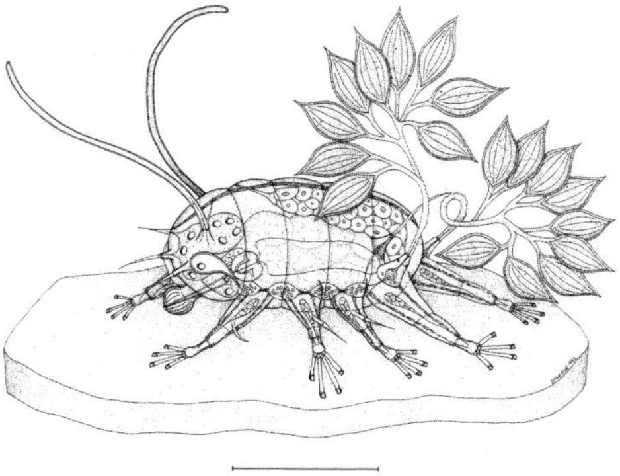

**圖 30**　深海的華麗熊蟲 *Tanarctus bubulubus*。比例尺：0.05 mm
（圖由 R. M. Kristensen 教授提供）

順帶一提，二〇〇〇年於哥本哈根舉行的第八屆國際熊蟲研討會，便是使用剛才提到的、棲息於深海的華麗熊蟲為標誌（彩頁插畫7）。雖然目前沒有與熊蟲有關的學術組織，不過這個國際研討會從一九七四年於義大利第一次舉辦以來，便舉辦至今，近年則為每三年舉辦一次。可惜的是，在哥本哈根的那次研討會，我因為正在進行小斑熊蟲的長期觀察而無法參加，而下一屆在美國佛羅里達州舉行的會議，有來自世界各國的五十名研究者參加，我們討論得相當熱烈、興奮忘我。而第十屆會議則在本書日文初版付印的二〇〇六年六月，於義大利西西里島的卡塔尼亞舉行。

## 有趣的顯微鏡觀察

我們繼續研究熊蟲的歷史吧！十九世紀後半，一本說明如何用顯微鏡觀察小生物的書出版了，那就是德國 Willkomm 所寫的《顯微鏡下的驚奇——極小的世界》（*Oie Wunder des Mikroskops oder welt im Kleinsten Raume*，書名暫譯，一八五六年初版），圖31即來自此書。圖中描繪了輪蟲、線蟲與三隻熊蟲，還在皮蛻內的卵看起來像是長命蟲類的卵。雖然此書用花體字書寫，讀起來很費力，不過關於輪蟲的敘述相當豐富，相較之下，提到熊蟲的文字則很少，而且作者還說熊蟲屬於多毛綱（與沙蠶等物種同類），這讓我有點不滿。另外，書中提到採集自阿爾卑斯山土壤的線蟲，從休眠狀態甦醒過來，卻沒提到任何熊蟲的甦醒現象。作者引用了Ehrenberg的研究成果，可見他對熊蟲的評論或許是Ehrenberg的意見。這本書從顯微鏡的原理開始，介紹矽藻與滴蟲等水中微生物，其中包括各種單細胞生物、微小的原生動物、植物組織、昆蟲等，搜集了相當多的資料，並持續改版至一九〇二年的第七版。

英國Slack所著的《令人驚艷的池中生物》（*Marvels of Pond-Life or a Year's Microscopic Recreations among the Polyps*，書名暫譯，一八六一年初版），也有熊蟲的介紹（圖32）。他的解說相當有趣，我們來看看其中一段文字吧！

「陰暗污濁的十二月，讓人提不起勁到郊外踏青。不過在我身旁就有一個可

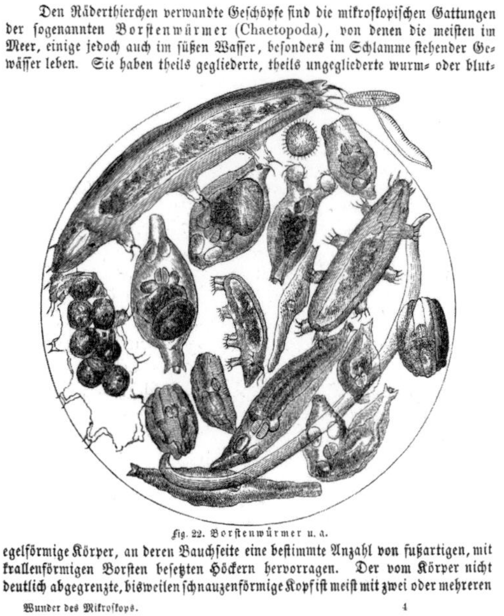
Den Räderthierchen verwandte Geschöpfe sind die mikroskopischen Gattungen der sogenannten Borstenwürmer (Chaetopoda), von denen die meisten im Meer, einige jedoch auch im süßen Wasser, besonders im Schlamme stehender Gewässer leben. Sie haben theils gegliederte, theils ungegliederte wurm- oder blut-

Fig. 22. Borstenwürmer u. a.

egelförmige Körper, an deren Bauchseite eine bestimmte Anzahl von fußartigen, mit krallenförmigen Borsten besetzten Höckern hervorragen. Der vom Körper nicht deutlich abgegrenzte, bisweilen schnauzenförmige Kopf ist meist mit zwei oder mehreren

Wunder des Mikroskops. 4

**圖 31** Willkomm《顯微鏡下的驚奇——極小的世界》（一八五六年初版）的插畫。（Willkomm, M., Die Wunder des Mikroskops oder die Welt im Kleinsten Raume, Otto Spamer, Leipzig, 1856）

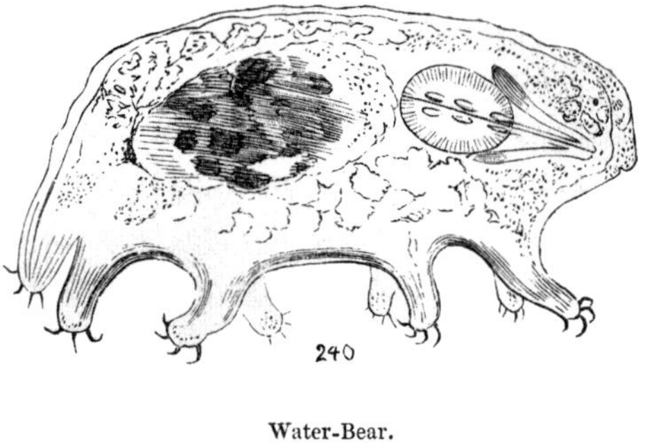


**圖 32** Slack《令人驚艷的池中生物》（一八六一年初版）的熊蟲。
（Slack, H. J., Marvels of Pond-Life or a Year's Microscopic Recreations among the Polyps, Infusoria, Rotifers, Water-Bears, and Polyzoa, Groombridge and Sons, London, 1861）

以泡的『池子』。當然，我指的不是自己泡在裡面，而是把玻璃瓶泡在水中。（中略）最有趣的是，我用鑷子夾起細小的水草放到玻璃上，觀察裡面有什麼生物，發現了像小狗般可愛的動物。牠非常努力地划動八隻腳，卻好像一點也沒有前進。於是我明白我抓到的就是 Tardigrada，亦即 Water-Bears。牠們的動作十分滑稽，是一群可愛的小動物。牠們的樣子就像剛出生的幼犬，或是剛從水中爬起來的小熊。每隻腳都有四隻爪，卻沒有尾巴……」

## 熊蟲哪裡可愛呢？

這是題外話。平常我讓學生觀察熊蟲，多數學生都會讚嘆：「哇，好可愛！

這是什麼生物啊？」不過少數人則會說：「哇，好噁心！這是什麼鬼東西啊？」雖然在我的經驗中，只有一人的反應是後者，但這代表並不是所有人都喜歡熊蟲。

然而，幾乎所有人都覺得熊蟲可愛，應該有其意義才對。舉例來說，人類似乎本能地認為嬰兒的臉很可愛，這不是出於照顧嬰兒的責任感。先不討論我們是在什麼機制下產生嬰兒很可愛的感覺，由形態學的證據可知，嬰兒臉部各器官的位置、比例與成人相當不同。不只是人類，一般哺乳類都能辨別幼體的臉形，喜歡幼體似乎是多數哺乳類的共通點。

回歸正題，或許是因為我每天都在觀察熊蟲，所以我看到路上有人牽著黃金獵犬散步，常覺得牠們看起來像熊蟲一樣可愛。但這現象似乎和一般人相反，一般人看到熊蟲，會有「哇，好可愛」的感覺，應該是因為在那一瞬間覺得「看起來就像熊在走路」吧。或許人類本能上對這類走起路來悠悠哉哉的生物有好感。

## 二十世紀前半葉的金字塔——Ernst・Marcus

回歸正題，彩頁的插畫1取自Ernst・Marcus的著作《緩步動物門》（暫譯，原書名為*Tardigrada*，一九二九年）。這本書是德國動物學叢書的其中一本，也是當時將所有熊蟲資料集大成的一本書，光是提到熊蟲的部分就佔了六百〇八頁。此書的最後一張彩色附圖，就是本書彩頁的插畫1。各位看到這張圖，有什麼想法呢？我聽過以下評語：「這張圖好厲害！雖然畫的技巧不怎麼樣，但很有個性，而且很可愛」，以及「我想要一件印著這張圖的 T-shirt 和滑鼠墊！」評價相當不錯。

Marcus 的研究在柏林的博物館進行，他自一九二七年開始，在三年內發表了許多與熊蟲有關的文章，其中包括兩篇專題論文。一九二八年，他在另一系列的叢書出版了兩百三十頁的熊蟲書籍《熊蟲》（暫譯，原書名為 *Bärtierchen*），上一本書中使用的圖片，大多也出現在這本大作，而且現在比較容易找到這本書。這些文獻幾乎網羅了熊蟲的解剖學、生理學、生態學等相關知識，現代的研究都是由這些文獻延伸出來的，故這些文獻可說是研究熊蟲的第一里路。

Marcus 的著作最吸引人的地方，就是這些獨特的插畫（圖33）。這些充滿了愛的圖畫，皆是由作者夫人 Eplin 所繪。這本書的序有提到，書中內容本來就是他與夫人的共同研究成果，這些著作是他獻給夫人的作品。Eplin 的祖父是德國電生理學的先驅——Emil du Bois-Reymond。日本岩波文庫曾出版他的著作《有關於世

界認識的極限，宇宙的七個謎題》（自然認識の限界について宇宙の七つの謎）。Eplin 的父親也是柏林大學的生理學教授，因此她小時候就很熟悉顯微鏡的操作，並且常用以觀察微生物。

一九二九年正是經濟大蕭條（Great Depression）的時期，全世界被一股不安定的氣氛籠罩。Marcus 在一九三六年發表了一本新的熊蟲書籍，並在這一年的四月轉往巴西聖保羅大學任職。由於 Marcus 是猶太人，納粹在數年前便剝奪了他在柏林大學的職位。於是他在新的環境繼續進行研究，與夫人一起留下了相當豐富的研究成果。

他涉獵的知識範圍原本就相當廣泛，由於喜歡昆蟲，學位論文（一九一九年）是與糞金龜有關的研究。在那之後，博物館請他研究與苔蘚動物有關的主題。苔蘚動物指的並非生存在苔蘚的動物，而是一群主要棲息於海中的無脊椎動物，現在已被分成外肛動物與內肛動物。在 Marcus 前往巴西之前，他曾在哥本哈根停留一段時間，為丹麥的動物學叢書寫了一篇關於苔蘚動物的專題論文。此後，所有苔蘚動物的研究者都必須閱讀這份丹麥語寫成的文獻。在這個時期 Eplin 所繪的數張苔蘚動物原圖，至今仍保存在哥本哈根大學的動物學博物館（圖34）。

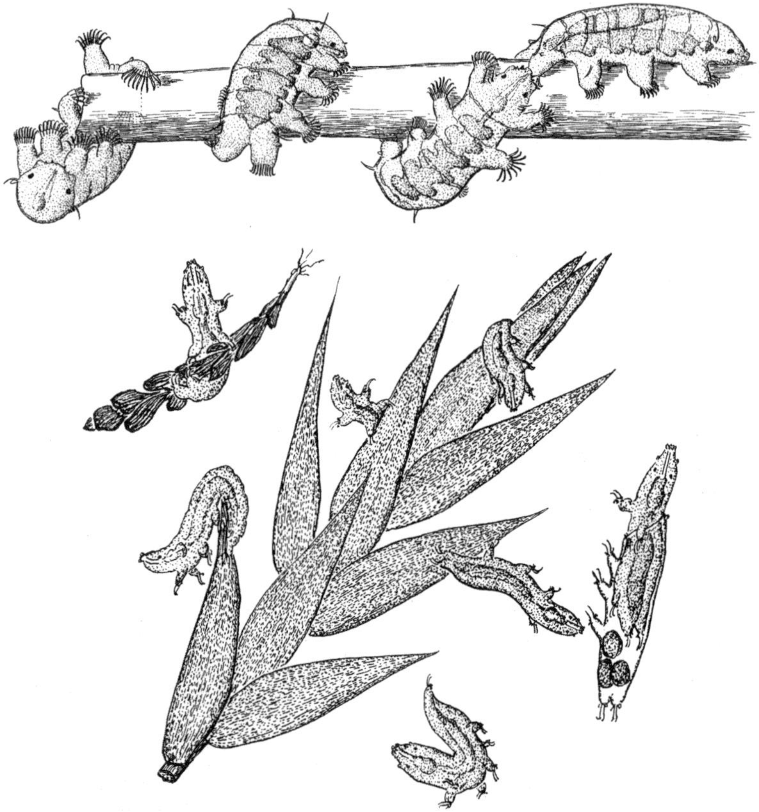

**圖 33** Ernst Marcus 著作（1929）內的磯棘熊蟲（上）與小斑熊蟲（下）。（Marcus, E., Tardigrada, in H. G. Bronn (ed.), Klassen und Ordnungen des Tier-Reichs, Bd. 5, IV-3, Akademische Verlagsgesellschaft, Leipzig, 1929）

第二次世界大戰後，Marcus 拒絕了德國大學的聘書，留在巴西與夫人一同沉浸在研究海洋生物的樂趣中，他們發表的論文提到了許多新物種。之後數年，他們的研究重點逐漸轉往海牛，這似乎是夫人的興趣。因此，Marcus 夫妻的名字不僅在熊蟲的研究領域佔有一席之地，在苔蘚動物與海牛類動物的研究者之間，也相當有名。

**圖 34** 丹麥哥本哈根大學的動物學博物館內，至今仍保存數張 Eplin 所繪的熊蟲圖。
（圖由 Claus Nielsen 教授提供）

光是海牛，他們就發現了兩百二十二個新種與二十二個新屬。Marcus 在巴西也發表了數個熊蟲的新種。宇津木先生在日本各地下水道處理槽中找到的熊蟲 *Isohypsibius myrops*，就是 Eplin 在一九四四年記錄過的物種。

二〇〇二年，一本與苔蘚動物學研究史相關的論文集中，美國維吉尼亞自然史博物館的 Winston 用溫暖的文字，介紹了 Marcus 夫妻攜手研究的故事。

二十世紀初，在 Marcus 的專題論文全數發表前，人們持續找出了熊蟲的新種。而熊蟲的生理學研究也在一九二〇年代有長足的進步，熊蟲驚人的抵抗力可以為人所知，便是因為這個時期的實驗結果。

然而下一章，我們終於要來討論熊蟲生命力的話題了。

COFFEE BREAK

## 熊蟲與寒武紀的奇特生物

我尋找熊蟲的相關文獻時，看到許多文獻都會描述生長在寒武紀的奇特生物（圖35），例如奇蝦。熊蟲與寒武紀的奇特生物有什麼關聯呢？

Gould 的著作《生命的美好》（暫譯，原書名為 *Wonderful Life*）介紹了各式各樣的古生物，其中有個相當有名的物種——奇蝦。隨著研究的進展，人們發現有些奇蝦物種，其形似鰭的側腹構造連接了附肢。雖然牠們的附肢沒有分節，但這些寒武紀生物與有爪動物（天鵝絨蟲類）、有爪動物的近親（怪誕蟲類等），在生物分類上都可能是與節肢動物很相近的群體。

熊蟲一開始被當作節肢動物的一員，後來牠們的地位被置放在獨立的一門，但至今仍難以確定牠們與其他動物門的關係。從熊蟲有體節的特徵與附肢的構造來看，似乎能與節肢動物、有爪動物等歸類在泛節肢動物，分子系統學上的證據也支持這種說法。至於牠們的起源，加拿大伯吉斯（Burgess）頁岩與中國雲南省澄江動物群的化石，即是相當重要的依據。運用這些

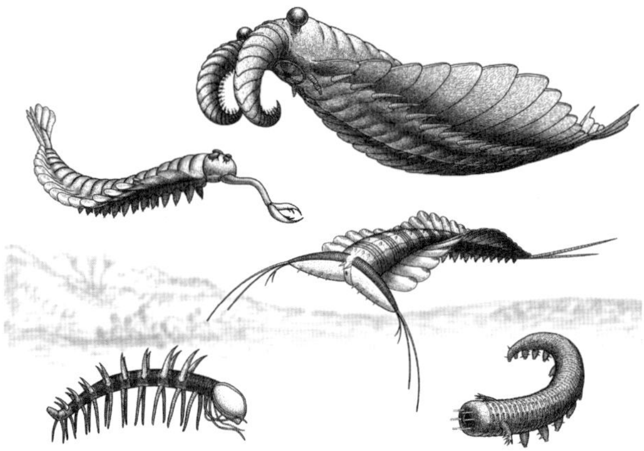

**圖 35**　寒武紀的各種生物，最上方即為奇蝦（上村一樹繪製）。

資料，經過推測分析，人們最終將熊蟲與奇蝦連結在一起。不過在二〇〇二年，有學者指出，奇蝦的鰭下附肢應為消化管的分支。故由化石性質推測熊蟲的系統分類，尚有混沌不清的部分。

像熊蟲這麼小的動物，也曾發現過牠們的化石，至今已發表了三個化石物種。其中一個是寒武紀所留下來的化石，只有三對腳，報告指出這可能是幼蟲的化石；另外兩個白堊紀的化石，則是被封在琥珀內的熊蟲，其中一種與現在的小斑熊蟲非常相似。

話說回來，我在丹麥寫下本書的原稿，而丹麥正是琥珀的產地，哥本哈根的街頭隨處可見琥珀專賣店。含有昆蟲化石的琥珀賣得相當好，可惜熊蟲太小，就算被封在琥珀內，用店家的工具也很難觀察到。要是熊蟲長得大一點就好了……我常看著琥珀這麼想。但會帶著這種想法瀏覽玻璃櫥窗的人，大概只有我一個吧！

# 熊蟲很厲害嗎？

## 「酒桶狀」的抵抗力

十九世紀的 Doyère 已經知道乾燥的熊蟲可以忍受攝氏一百二十度的高溫。到了一九二〇年代，有相當多的實驗都在研究熊蟲的這個性質。

熊蟲在乾燥環境下會縮起附肢，像被曬過一樣又乾又硬，看起來就像橡木酒桶（圖36）。如同第2章所提到的，一九二二年，Baumann 將這種形態記為「小小的酒桶」，從此以後，這個狀態下的熊蟲在英文世界就被稱作 tun（酒桶）。他記錄了熊蟲處於「酒桶」狀態的時間，以及甦醒過程所需的時間，還觀察二氧化碳與硫化氫對熊蟲甦醒過程的影響。

在此同時，德國的 Rahm 設計了許多實驗來測試「酒桶」的抵抗力。他在一

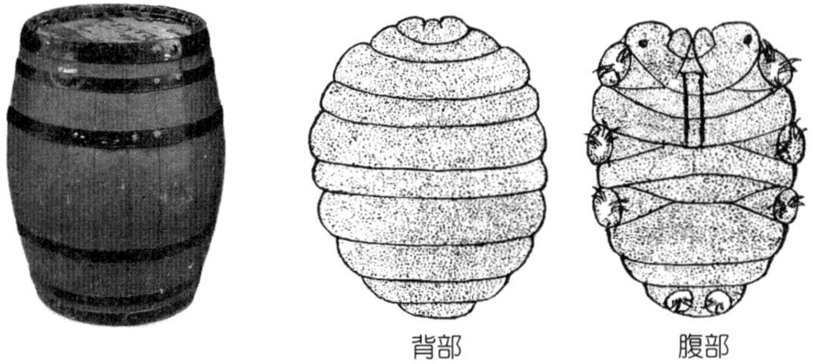


**圖 36**　橡木酒桶（左）與酒桶狀的熊蟲（右）。
（酒桶狀熊蟲的圖改自 Baumann, H., Die Anabiose der Tardigraden, Zool. Jahlb., 45: 501-556, 1922）

九二一年與之後數年內所發表的論文，提到熊蟲在液態空氣（攝氏零下一九〇至二〇〇度，二十個月）、液態氮（攝氏零下二七二度，八小時）、極端的溫度變化（攝氏零下一九〇度，五小時→一五一度，十五分鐘）、高壓環境（一千大氣壓），以及強烈紫外線的照射下，都不會死亡。順帶一提，Rahm曾在一九三七年五月，於日本長崎縣雲仙地區發現「溫泉熊蟲」（中緩步綱）。此外，他是位神職人員，於萊茵蘭地區瑪麗亞拉赫的班尼狄克修道院擔任神父。

在這之後，陸續出現許多酒桶狀熊蟲的抵抗力記錄。一九五〇年，Becquerel 在他發表的論文指出，即使溫度降到接近絕對零度（〇・〇〇七五K），熊蟲也不會有事。絕對溫度的零度是理論上的溫度下限值（0°K＝−273.15℃），Becquerel 的實驗將溫度降至零下二七三・一四二五度。

一九六四年，May 等人的X光照射實驗結果顯示，熊蟲可以承受五十七萬倫琴（約 5 kGy）的輻射，這是此主題最具代表性的實驗。這樣的輻射量是人類致死量的一〇〇〇倍以上。May 在報告中指出，酒桶狀熊蟲可以承受六小時的紫外線照射，但在步行狀態下，只要照射一個半小時便會死亡。

Crowe 與 Cooper（一九七一年）用掃描型電子顯微鏡觀察酒桶狀熊蟲，這隻熊蟲除了經歷了真空環境，還被高壓的陰極射線（electron beam）照射。觀察結束後，將牠放入水中，熊蟲甦醒後還步行了一分鐘左右。後來宇津木與野田也發表了相關的實驗結果。此外，關與豐島（一九九八年）觀察到，酒桶狀熊蟲經歷六千大氣壓這種不可思議的環境，還能夠甦醒。地表壓力最高的地方是馬里亞納海溝的挑戰者深淵，這裡的水壓也只有一千一百大氣壓（請參考第4章最後的備註）。

至於熊蟲對酒精的抵抗力研究，直到最近才有相關論文發表。Ramløv 與 Westh（二〇〇一年）的研究提到，將酒桶狀熊蟲浸入乙醇，即會全數死亡，但若是疏水性高的丁醇和己醇，熊蟲仍有抵抗力。

## 熊蟲真的有不死之身嗎？

綜上所述，熊蟲的驚人生命力並非空穴來風。前面所列出的實驗結果，應該足以說明這點。

然而，這些研究成果傳開後，卻變成了「熊蟲有不死之身」。這完全是誤解，要讓熊蟲死掉並不困難。我所飼養的小斑熊蟲，只要不給牠們飼料一陣子就會餓死。「酒桶狀」熊蟲可以忍耐高溫，但步行中的熊蟲只要碰到熱水就會掛掉，身體碎了也會死亡。而且，如果環境突然變乾燥，熊蟲來不及變成「酒桶狀」，即會直接變成乾屍；就算順利變成「酒桶狀」，對周遭環境有了驚人的抵抗力，但被針刺到，牠們還是會裂開，因此就算熊蟲能承受非常高的壓力，也稱不上不死之身。就算是堅硬的鑽石，掉到地上也可能會有裂痕呀，也可能被火燒成二氧化碳，煙消雲散啊。

此外，這些實驗大都只關注熊蟲「是否成功甦醒」。事實上，甦醒的熊蟲能不能順利活到正常壽命，才應是討論的重點，然而這個問題卻經常被忽略。熊蟲經過嚴酷的實驗環境，即使成功甦醒，看起來也像漫畫《小拳王》中燃燒殆盡的主角，奄奄一息。

## 加水等待三分鐘……

嚴肅的課題就談到這裡，我們來看看真正的熊蟲吧！

如前所述，若想讓熊蟲順利變成酒桶狀，即需讓周遭環境慢慢地乾燥。如果不這麼做，熊蟲會乾掉而死亡。有許多方法可以防止這種狀況。我讓小斑熊蟲變成酒桶狀，並加以保存的方法很簡單——讓牠們在瓊脂培養基上慢慢乾燥。潮濕的瓊脂本來就不會馬上乾掉，就算不加蓋子，也能長時間保持潮濕。在載玻片上滴一滴仍是液態的瓊脂，等它凝固，再把一隻熊蟲放上去靜置一陣子，就能順利觀察到變成酒桶狀的熊蟲（圖37）。

變成酒桶狀的熊蟲乍看像死掉了，不知道的人可能會把它當成垃圾丟掉。為這個小小的酒桶加一點水，且靜置三分鐘，牠可能都不會有動靜，不過通常數分鐘之內就可以看到一些變化。剛開始會看到熊蟲吸收了水分而逐漸膨脹，過一陣子，牠的附肢會伸展開來並來回擺動，直到身體完全舒展開，就可看到熊蟲相當有精神地到處爬了。

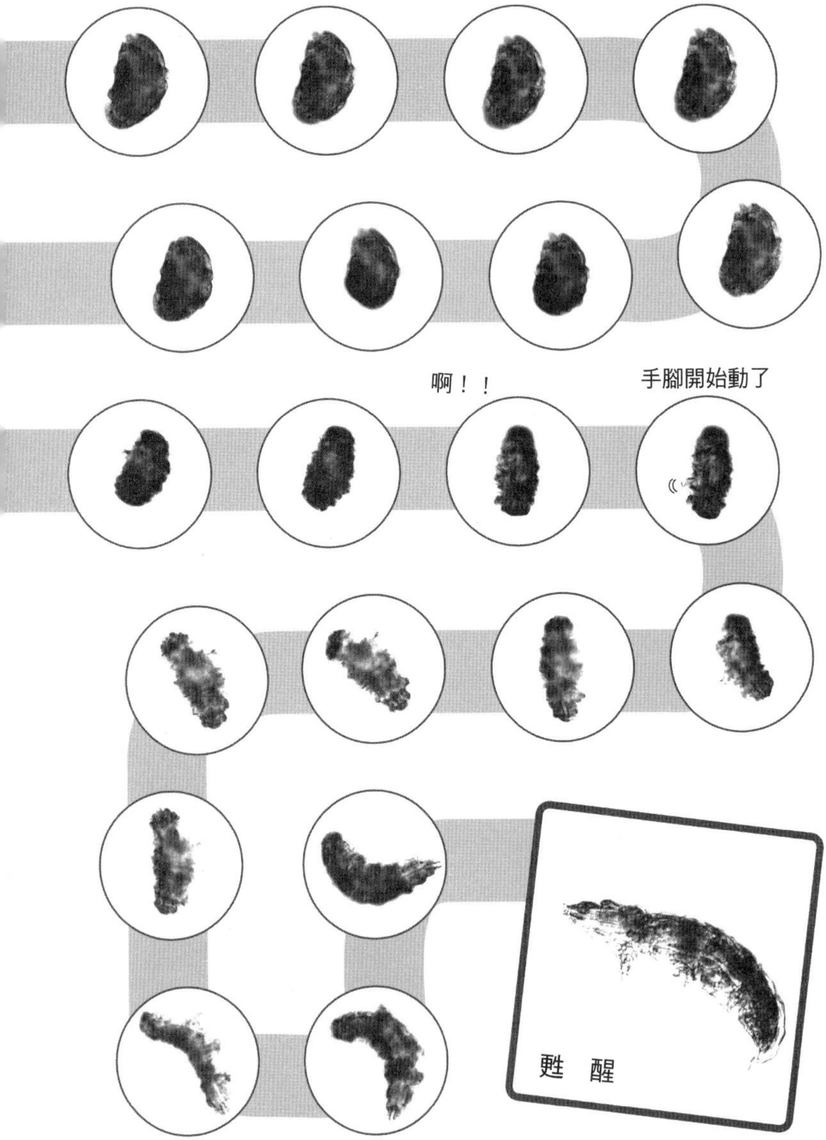
手腳開始動了
啊！！
甦 醒

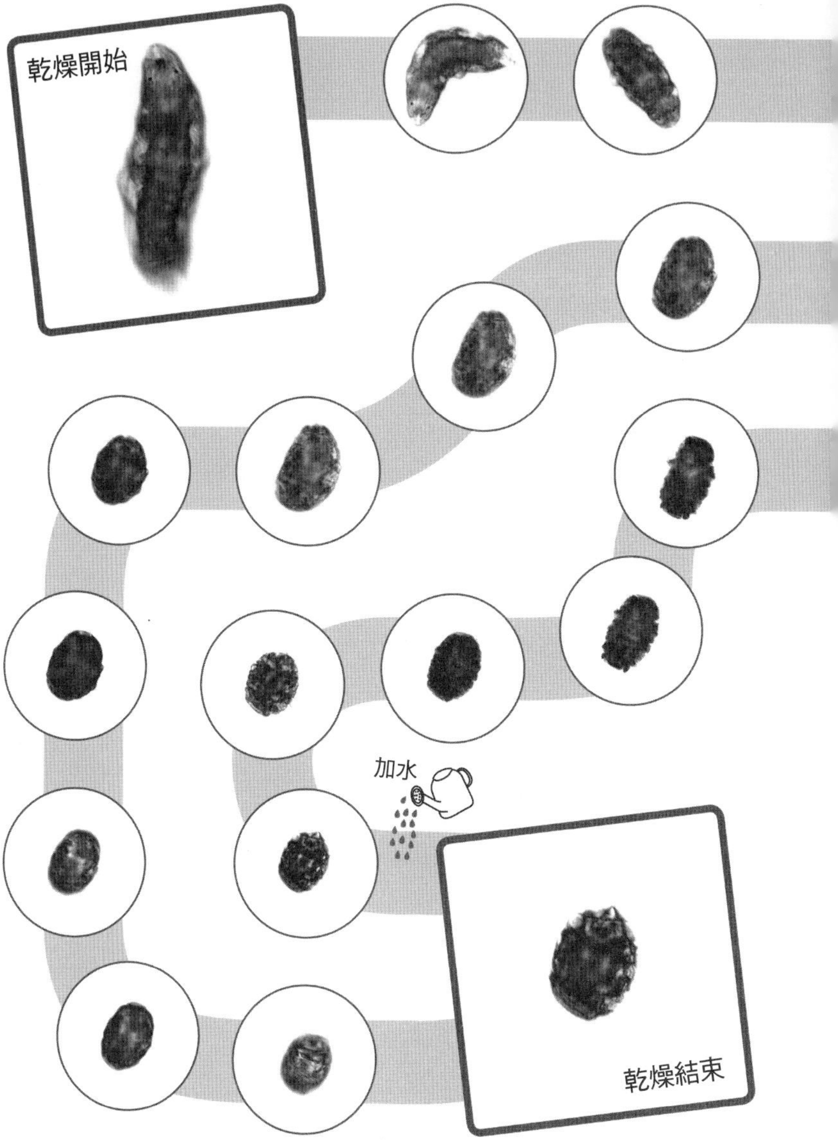


**圖 37** 乾燥呈酒桶狀的小斑熊蟲 → 甦醒的小斑熊蟲

由此可知，看起來幾乎完全乾燥的熊蟲，加一些水便會「甦醒」呢。

## 隱生——隱藏起來的生命

以前人們認為，乾燥狀態下的熊蟲已經死亡，加了水又可以復活，不過我們實在很難想像有生物能夠死而復生。但是，如果牠們在酒桶狀態下仍保持「活」的狀態，應該會持續進行某些代謝作用。因此，乾燥狀態的熊蟲體內，是否仍有些許的代謝活動，便成了重要的課題。第一個發現這個現象的 Leeuwenhoek 認為，乾燥狀態的熊蟲並非完全乾燥，不過 Spallanzani 卻認為牠們乾燥得很徹底，且「確實死亡」了。

十九世紀的 Doyère 觀察了白蛋白的變化，研究高溫環境下的熊蟲是否完全乾燥了。蛋白質在濕潤狀態下加熱便會變性，但乾燥狀態的蛋白質則無此現象，而熊蟲的白蛋白並無變化，所以他認為復活前的熊蟲是完全乾燥的狀態。巴黎科學院有兩派意見不同的人們為此爭論不休，甚至設立了委員會來研究這個問題。他們於一八六〇年出版一本近一百二十頁的報告書，結論是乾燥的熊蟲可承受當時技術所能達到的最乾燥狀態。

到了二十世紀，Rahm認為熊蟲可「死而復生」；與之相較，Baumann認為熊蟲不曾「死亡」，而是一直維持著生命。也就是說，熊蟲並非完全沒有代謝活動，而是以很難觀察到的方式持續代謝。一九五五年，這類議題衍生出由 Pigoń 與 Węglarska 發表的實驗結果。他們利用浮沉子裝置，測量熊蟲極少量的氣體交換。浮沉子開口朝下在水中漂浮，當內部氣體體積改變，浮力便會跟著改變，使浮沉子上浮或下潛。將熊蟲與二氧化碳吸收劑置於浮沉子內，若氧氣持續被熊蟲消耗，浮沉子即會逐漸下沉。實驗結果證實，乾燥的熊蟲確實會一點一點地消耗氧氣。

既然有消耗氧氣，是否代表酒桶狀的熊蟲只是進入假死狀態，但仍保持有氧呼吸呢？

事實上，實驗結果顯示，若想長時間保存酒桶狀熊蟲，無氧環境的保存效果比較好，就像在保存食品一樣。這麼看來，乾燥狀態的熊蟲所消耗的氧氣，並不是用來做有氧呼吸，而是使熊蟲的身體被氧化而慢慢脆化。

目前，我們一般都會使用一九五九年 Keilin 提出的「隱生」（cryptobiosis）一詞，來描述進入酒桶狀的熊蟲。這個乍看之下難以理解的名詞，想傳達的意思是——隱藏起來的生命。這完全沒有死亡的含意！生命在隱藏起來的狀態下，雖然活著，但沒有代謝作用。《動物系統分類學》（日本中山書店）將 cryptobiosis 翻譯成「潛在生命」，而我手上這本英日字典則翻譯成「隱蔽的生活」，似乎沒有公認的翻譯方式。（而且，先別提平時幾乎派不上用場的動物學術語集，連日本出版的《岩波生物學辭典》到二〇〇六年為止，都沒有收錄這個詞。真是的，搞什麼啊！）

若將「隱生」一詞所包含的現象加以分類，對抗乾燥的狀態稱為無水隱生（anhydrobiosis），日語又稱作「乾眠」。也有人用乾燥休眠這個詞來形容，不過休眠這個詞隱含了許多特殊意義，在使用上要特別注意。此外，與低溫、高滲透壓、無氧等極端環境相對應的隱生方式，分別稱作低溫隱生（anhydrobiosis）、變滲隱生（osmobiosis）、缺氧隱生（anoxybiosis）等，每個詞都沒有固定的日語翻譯。

## 酒桶內到底裝了什麼？

先把這些咒語般的名詞放在一邊吧！乾燥狀態的熊蟲體內，到底發生了什麼事呢？

目前已知其他動物進入隱生狀態，會合成許多海藻糖，這些動物包括線蟲類與甲殼類的豐年蝦等。或許有些一九七〇年代的小孩子會懷念當年日本流行的寵物「Sea monkey（海猴）」吧，牠們就是豐年蝦。Sea monkey 會產下粉狀的卵，卵接觸到鹽水便會孵化，可讓小朋友們練習養育孵化的幼體。當時我也被包裝上的特殊圖案吸引（圖38），興奮地看著粉狀卵孵化，不過那時我還不曉得那就是隱生現象。豐年蝦類生物在乾眠狀態下的卵，現在被當作觀賞用魚的食物。

海藻糖是昆蟲的血糖（人類的血糖則是葡萄糖），我們平常沒什麼機會碰到，不過最近海藻糖常被當作食品添加物。在低溫下，這種醣類可保護細胞不被破壞。

**圖 38** Sea monkey
（資料提供：天洋股份有限公司）

Westh 與 Ramløv（一九九一年）指出，在熊蟲轉變成酒桶狀的過程中，體內會逐漸累積海藻糖。他們的實驗結果提到，熊蟲在可步行的狀態下，海藻糖佔全身的乾重比例約為0.1%，當熊蟲轉變成酒桶狀態，海藻糖則提高到2.3%。與其他動物相比，這個數字不算大。已知動物中，海藻糖佔全身乾重的比例最高可達20%。不過熊蟲在轉變成乾燥狀態的過程中，海藻糖比例的增加幅度非常明顯（圖39）。

單從上文的描述看來，這個實驗好像很簡單，但實際的操作過程光想像就令人覺得工程浩大。熊蟲實在太小了，若要進行這樣的生物化學測定，一隻熊蟲絕對不夠用。在測定累積多少海藻糖的實驗中，Westh與Ramløv他們一次測定便用了兩百隻熊蟲。要畫出圖39，則需要十八根分別裝著兩百隻熊蟲的微量離心管。換句話說，必需挑出三千六百隻熊蟲，而且還必須由野生苔蘚中一一分離出特定物種的熊蟲。其實若是用模式生物來進行這類實驗，在實驗材料上即不需擔心來源，而且這個階段的實驗還沒有必要使用同一物種。即使如此，這樣的實驗還是相當費工夫。因此，當我看到有些研究拿野生動物來做類似的實驗，總是想對他們的研究熱情致敬。而且，我似乎想像得到他們用實驗結果畫出這麼漂亮的曲線時，流露出的興奮與欣喜。（因為實驗通常不會得到這麼漂亮的結果。有人說結果與預期不同，才是發現的契機。然而事實上，得到與預期不同的結果之後，什麼發現都沒有而使人更消沉，才是常態。）

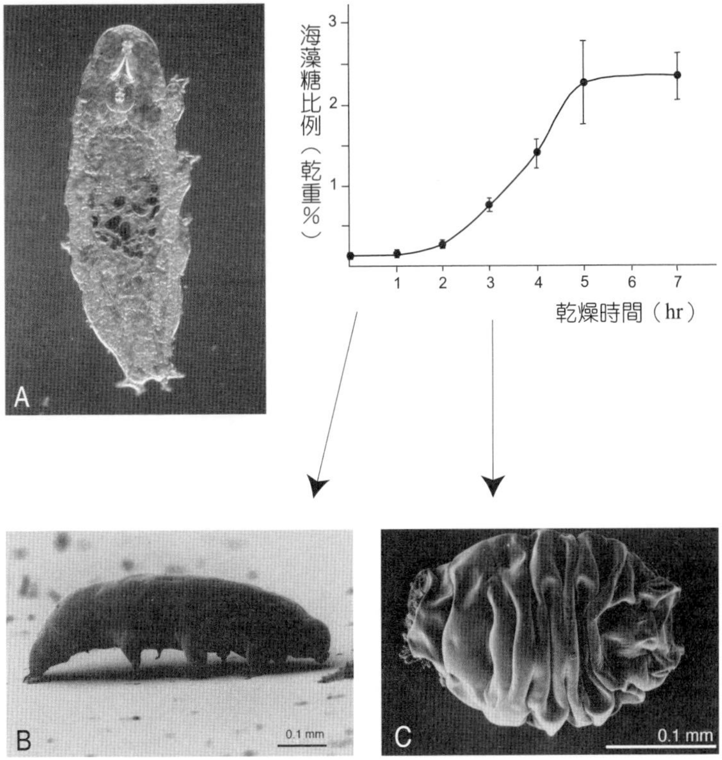


**圖 39** 將熊蟲乾燥，海藻糖會逐漸累積。圖為實驗所用的熊蟲 *Richtersius coronifer*，此為光學顯微鏡照片（A）與掃描式電子顯微鏡照片（B與C）。（實驗結果節錄自 Westh, P. and Ramløv, H., Trehalose accumulation in the tardigrade *Adorybiotus coronifer* during anhydrobiosis, J. Exp. Zool. 258: 303-311, 1991. 照片由 R. M. Kristensen 教授提供）

總而言之，熊蟲變成酒桶狀，會在體內累積海藻糖，組織內的水分也會逐漸消失。若沒有水，許多需要水才能進行的化學反應便會停止。而海藻糖會取代水分進入體內，保護蛋白質與細胞膜的分子形狀。熊蟲之所以能抵抗外界環境的激烈變化而再次甦醒，大概就是這個原因（請參考第4章最後的備註）。

## 變成酒桶前的準備

隨著外部環境的變化，生物會改變體內的狀態（內部環境），以適應外部環境。但像無水和低溫等劇烈的環境變化，熊蟲小小的身體難以應付。因此，這類小生物便演化出讓自己進入無代謝狀態的方法，以應付外部環境的變化。

進入無代謝狀態的過程，恐怕不是簡單幾個反應就能交代完畢的。最先被發現的反應包括排出水分以及累積海藻糖等。另外，有些生物在極端環境下，會合成熱休克蛋白，最近有一些研究指出熊蟲也有這種現象。體內各式各樣的變化，在熊蟲乾燥的過程中同時進行著，最後才可變成酒桶狀態。不過要進入完全的酒桶狀態需要足夠的時間，這是Corti和Spallanzani在他們的研究指出「乾燥過程一定要緩慢」的原因。

很耐乾燥的熊蟲大多住在苔蘚內。即使外部環境迅速變乾燥，在苔蘚層層相疊的葉狀體中，熊蟲仍有餘裕慢慢進入酒桶狀態。那麼，熊蟲是透過什麼樣的機制，感知環境正在變乾燥呢？這個機制似乎和神經系統沒什麼關係，因為在神經系統還沒發育完全的胚胎時期，熊蟲即有隱生能力。看來似乎是熊蟲的每個細胞各自運作，在同一時間一起產生對抗乾燥的反應，這或許和滲透壓的變化有關，詳細機制目前尚待研究。

## 微波加熱

如果把酒桶狀的熊蟲拿去微波加熱三分鐘，會發生什麼事呢？

如前所述，變成酒桶狀的熊蟲，體內組織不含任何可自由移動的水分子。微波爐是藉由水分子的高速震盪來加熱物體，所以不會對不含任何水分的酒桶狀熊蟲造成影響。如果是正常狀態下的熊蟲，可能微波數秒就會被煮熟，但如果是酒桶狀熊蟲，大概什麼事都不會發生。

若你覺得這令人難以置信，只要做個簡單的實驗就知道了。因為我不喜歡做那些看起來像在虐待生物的實驗（不如說，我只是覺得麻煩），所以我到現在都沒有親自做過這個實驗……雖然我不曾在任何文獻看過相關記錄，但網路上似乎有很多相關的討論，看來應該有不少人實際做過呢。

## 對輻射線的抵抗力

有些細菌可以抵抗輻射線，因為它們的ＤＮＡ受到輻射線照射即會突變，能迅速修復。一九六四年，May 的實驗結果顯示，不只是酒桶狀的熊蟲可以抵抗輻射線，活動狀態下的熊蟲也可以，最近幾年 Jönsson 也發表了相關的實驗報告。由他們的實驗結果可知，就算不經過乾燥，熊蟲還是能抵抗輻射線的傷害。看來熊蟲不只會利用海藻糖抵抗外部環境的變化，自己也有修復ＤＮＡ的能力呢。

不過他們的實驗結果也指出，熊蟲經輻射線照射的卵不會孵化。最直接的理由是，卵在細胞分裂活躍的階段，基因會因為被輻射線破壞而無法持續分裂。不過，目前仍無足夠的實驗可證實這一點，還需進一步的研究。

## 其他的厲害動物

一開始被發現擁有隱生能力的是輪蟲與線蟲等。此外，苔蘚內還有許多的單細胞原生動物，會在適當環境下甦醒、繁殖。不是所有苔蘚都找得到熊蟲，相對地，這些比熊蟲還早被認定有隱生能力的動物，才真的是「任何苔蘚內都找得到」。不過，這些動物卻不會成為一般人茶餘飯後的話題，也不會被冠上「不可思議」、「地表最強」等形容詞，把牠們講得像傳說。如果人們覺得熊蟲很厲害，應該也會覺得這些動物很厲害才對啊！（既然如此，為什麼只有熊蟲出名呢？……當然是因為長得比較可愛吧！）

包括熊蟲在內，這些動物都有一個共通的性質——牠們很可能在每個發育階段，都能進入隱生狀態，抵抗惡劣環境。

而其他動物，例如先前提到的節肢動物、甲殼類的鹵蟲胚胎，以及一種叫作沉睡搖蚊（*Sleeping Chironomid*）的雙翅目昆蟲幼蟲，也擁有抵抗乾燥的能力。不過牠們都只在特定的發育階段可進入隱生狀態。

沉睡搖蚊是Vanderplank於一九四九年十二月，在非洲奈及利亞發現的。一九五一年，**Hinton** 發表了實驗資料，說明沉睡搖蚊能抵抗乾旱的特殊能力，並記錄這個新物種。沉睡搖蚊是「紅蟲」的近親，在豔陽下，花崗岩凹陷處的水窪內即可發現牠們的幼蟲，有時還能忍受攝氏四十度以上的高溫，繼續長大。牠們在卵和蛹的時期，環境若變乾燥就會死亡，而體長大於二．三毫米的幼蟲則可進入隱生狀態，度過乾旱。沉睡搖蚊是目前已知可進入隱生狀態的動物中，體積最大的，目前日本的奧田隆團隊正努力研究這個過程的分子機制。

在系統分類學上，這些有隱生能力的動物，親緣關係並不相近，故一般認為隱生能力應為各類生物獨自發展出來的。

地球上有許多地方的環境不適合一般生物生存，然而即使是在那樣的地方，仍有極少數的生物棲息，這些生物稱作「嗜極生物」。這些生物可說是生物界中最厲害的角色，其中最重要的便是細菌。在輻射線、高熱、高壓、強鹼……等極端環境下，都有生命存在。在這些生物中，部分物種因為可能對人類有用處而受到重視，其中也有一些生物被做成商品販賣。

不過我覺得嗜極生物更值得注意的地方是，如果知道這些生物如何在極端環境下生存，或許能進一步瞭解生物在地球上如何演化至今，瞭解那些太古時代的細菌，如何把它們的基因與代謝機制一代代傳下來，使地球各處都有豐富多樣的生物棲息。這就是達爾文《物種起源》（*On the Origin of Species*）最後一頁的內容，真是遠大的目標啊，不是嗎？

## 一百二十年的傳說——事實與謠言

接下來，我來談談熊蟲在乾燥狀態下，能活到一百二十年的傳說，究竟是否屬實吧！

這個說法出現在一本著名的動物學教科書中，且在各家書籍的相互引用下，教生物學的老師也會把這個說法當作教學題材，而我也樂於與其他人分享這個有趣的知識。其實，我剛開始研究熊蟲的時候，經常和我在居酒屋碰到的其他客人，談這個話題談得口沫橫飛呢。

然而不可思議的是，在各文獻中，我都找不到相關資料。通常這種重要資訊都會註明是出自哪一篇論文，像這樣完全找不到出處是相當罕見的事。似乎不只有我這種初學者有這樣的疑問，二〇〇一年，Jönsson與Bertolani發表了一篇以此為主題的文章，標題為〈熊蟲長期生存能力的真相與謠言〉（Jönsson, K. I. and Bertolani, R., J. Zool.（Lond.）255: 121-123, 2001）。

若我們想研究苔蘚的標本，會把乾燥的苔蘚標本放入水中，使其形態恢復原狀再觀察，這麼做也會使那些與苔蘚一起乾掉的小動物們，吸收水分並甦醒。因此，就算研究結果顯示熊蟲在乾燥狀態下可以活數年，也不代表這個實驗計畫真的長達數年之久，而是由上述經驗推論而來。熊蟲在乾燥狀態下可活一百年以上的「傳說」，便是在這樣的情況下提出來的。

唯一一篇稱得上是參考文獻的，是某篇於一九四八年發表的義大利論文。Franceschi從一個一百二十年前的苔蘚標本，發現了大量熊蟲。不過這篇論文並沒有提到她是否有觀察到甦醒的熊蟲，裡面只有寫：「浸入水中的第十二天，有一隻熊蟲的附肢微幅地伸縮擺動。這和一般吸水膨脹的情形不太一樣，或許牠還有些微的生命跡象。」

〈熊蟲長期生存能力的真相與謠言〉並沒有提到究竟是誰編造了謠言，但可以確定的是，有某個研究者曾寫下「乾燥保存了一百二十年的苔蘚標本加了水，能看到甦醒的輪蟲與熊蟲（但數分鐘後便死亡）」。

但我覺得，和這種「尋找犯人」的行動比較起來，還有更重要的事值得注意——不先查證這些證據薄弱的謠言，隨即散布出去的不是別人，正是我們這些教生物的老師，我們必須有所自覺才行！科學界與教科書上的知識，其實包含了許多謠言。

## 熊蟲究竟可以活多久？

一百二十年的傳說調查暫告一段落。Guidetti 與 Jönsson 想知道熊蟲究竟可以活多久，於是再次調查博物館的苔蘚。

他們借到最古老的苔蘚標本是一百三十九年前的。把這些標本浸入水中，出現了許多住在苔蘚內的小生物，牠們吸水膨脹成原來的樣子。聽到「出現」的字眼，可能會令人想到生物大搖大擺走出來的畫面。請注意，不要被這些不切實際的想像誤導。依據他們的研究，別說是一百年以上的標本，連十多年前的標本都沒有小生物甦醒。成功甦醒的例子中，最古老的標本是九年前製作的，是一個剛孵化的胚。

不過話說回來，為了防止昆蟲傷害館藏標本，博物館會定期煙燻處理。他們考慮過這是否會影響熊蟲的乾眠，此外他們也討論過殺蟲劑的影響。他們做了一個實驗，將保存了十一個月的苔蘚，以溴化甲烷煙燻七十個小時，但仍有45%的熊蟲甦醒。雖然我們還無法肯定煙燻會不會影響到苔蘚的保存，但可以確定的是，煙燻對乾燥的熊蟲並不會造成太大的影響。（這裡所使用的溴化甲烷，在一九八七年的蒙特婁議定書中，被指定為會破壞臭氧層的物質，二〇〇五年一月以後，禁止已開發國家製造。但現實中仍找不到適合的替代品，故國際直到本書原版出版的二〇〇六年仍在使用，日本也不例外。）

因此，至今保留下來的記錄中，保存期限最長且成功甦醒的例子是 Baumann 在一九二七年的實驗，他從保存了七年的苔蘚中找到甦醒的熊蟲。此外，一如前文提及的，在保存了九年的標本內，亦有胚胎成功甦醒並孵化。在格陵蘭境內，半年都處於冰封狀態的地區，也發現了熊蟲的蹤跡。有報告指出，這些熊蟲在冰封狀態（而非乾燥狀態）下，保存了八年以上。

就我自己研究酒桶狀小斑熊蟲的經驗而言，在室溫下保存一週還可以，一個月也撐得過去，但放入冷藏庫（4℃）三個月以上就有點危險了，不過，如果是冷凍處理便能撐得比較久。我研究室內有個古老的家庭用冷凍庫（約－15℃），保存於其中的酒桶狀小斑熊蟲經過三年兩個月，於二〇〇五年三月，在日本御茶水女子大學密集課程的公開實驗中，成功甦醒了。這是目前我親手做過的實驗中，保存最久的記錄。

當然，在自然環境中，熊蟲的乾燥狀態不會維持那麼久。Marcus 推論，若持續乾眠、甦醒的循環，熊蟲應可活到六十年以上，然而沒有人能確定這是否屬實。Rahm與某些研究者認為，時而乾眠、時而甦醒，對熊蟲來說是必要的行為。換句話說，熊蟲或許不是為了忍耐乾燥而乾眠，反之，偶爾進入乾眠狀態對熊蟲有益，就像人們偶爾會放鬆一下。舉例來說，周圍環境變得乾燥，便能抑制苔蘚內的細菌增殖，使棲息環境煥然一新，這對熊蟲來說可能是有益的。不過變成酒桶狀，必需投入相當多的能量，而且若是失敗就會變成乾屍。因此，變成酒桶狀對熊蟲的健康是否有正面的影響，目前仍無定論。

我個人有時會想像，那隻編號16的熊蟲（參考P.36）會不會一邊喊著：「真是的，給我差不多一點！讓我好好睡一覺好嗎！」一邊爬到水面上呢……

## 熊蟲基因體計畫

或許有不少人在網路上看過這個聽起來很響亮的計畫。以前我出作業給學生，請他們交一份與熊蟲相關的報告，有很多學生會將網頁內容掃過一遍，然後在報告中提到「熊蟲基因體計畫正在進行中」。那時這計畫還只是個夢想。就像我先前提過的，自從人們發現了熊蟲，對於牠們的隱生能力便很感興趣，因此自然會想到牠們的基因是否有什麼秘密。

基因體指的是生物擁有的一整套基因。在研究整套基因體之前，研究者們已經研究過許多熊蟲的特定基因。舉例來說，熊蟲的「酒桶狀態」與熱休克蛋白質的相關研究，並不是測定蛋白質的量，而是觀察基因表現的變化。目前人們也在研究海藻糖相關酵素的基因。此外，為了對熊蟲做完整的系統性分析，基因序列的解析也在進行中。

二〇〇六年開始流行基因體的研究，讓熊蟲基因體計畫再也不是夢想，而是在可預見的未來，便能實現的計畫。事實上，愛丁堡大學的線蟲研究團隊研究完線蟲，便打算以熊蟲為研究對象，數年前便開始搜集熊蟲的基因資訊。不過由於他們搜集的是已知的基因資訊，所以還稱不上「基因體計畫」。他們曾在二〇〇三年於美國佛羅里達州舉行的第九屆國際熊蟲研討會中，發表了一部分研究成果。

目前熊蟲的基因研究正在加速進行中，在我們分析完熊蟲的基因後，又會有什麼新發現呢？可以找出隱生之謎嗎？我認為，這個謎題沒那麼容易解開。不過隨著熊蟲基因體計畫的進展，我也興奮了起來。與奇蝦這種奇怪生物可能有親緣關係的熊蟲，究竟會寫下什麼樣的歷史呢？

## 分子 v.s 形態

二〇〇六年的日本生物學教科書，其中的親緣關係樹與以前的版本不同，多了「蛻皮動物」（ecdysozoa）這個分類。這是以那幾年得到的DNA鹼基序列為基礎，所推測出來的結果。線蟲與昆蟲的形態完全不同，但根據分子結構的分析，可將牠們分在同一類生物。那麼，牠們有什麼共同點呢？你第一個想到的，大概是牠們都會「蛻皮」吧。生物的分類樹中，原口動物可分為熊蟲所屬的「蛻皮動物」，以及胚胎在發育初期會經過擔輪幼蟲階段的「冠輪動物」。這種分類方式與過去依照體節的性質，將節肢動物與環節動物分在同一類的分類方式有所不同，越來越多教科書採用了這種新分類方式。

不過，一個物種是否屬於「蛻皮動物」，並非依照這些動物是否會「蛻皮」來決定，蛻皮一詞其實是後來加上去的。而且，屬於冠輪動物的環節動物中，也有某些物種會蛻皮。（順帶一提，蛇和蜥蜴也會蛻皮。）

關於蛻皮，已有相當多人研究過節肢動物，特別是昆蟲蛻皮激素的調節機制，但其他動物（當然包括熊蟲）的研究則很少，或可說幾乎沒有。若要用蛻皮現象來為生物分類，從系統發生學的角度來看，必須調查蛻皮在各種物種間的同源性，而目前相關的資料過少，不足以得出結論。反過來說，若要以「是否蛻皮」作為分類的依據，還需要相當多的研究結果來支持。

以DNA鹼基序列為依據的分類方式，與傳統以形態記錄為依據的分類方式，常會有不一樣的結果，而得到不同的結果，可能表示有什麼細節之前沒注意到。這麼一來，或許有些人會覺得，以分子為依據、以形態為依據，是對立的分類方式。雖然這樣的想法大致上沒錯，但請想像一下實際的研究現場。當我們要分析生物分子時，需從樣本取出DNA，並讀取它的鹼基序列。這些生物樣本必需採自野外，並確認我們採集到的樣本是我們要的物種，才會開始分析DNA。因此，若我們想研究某種熊蟲，必須先知道牠的形態，才能確定我們採集到的是我們想要的物種。而「確認」這個步驟的難度相當高，需要豐富的經驗與直覺。

所以，即使分析某生物DNA分子，目的是要找出牠們在形態學分類上的謬誤，一開始還是需藉助形態學的知識與經驗，才能進一步分析。

## 屋簷上的苔蘚

談完了規模龐大（或說耗資龐大）的基因體計畫，我想來談一些我覺得相當有趣的話題。

Corti 與 Spallanzani 皆曾在屋簷排水管內的沙子找到熊蟲。一般認為這是因為熊蟲住在屋簷上的苔蘚內，被雨水沖離苔蘚，乾掉並混在沙子裡。Doyère 也在小斑熊蟲的研究論文寫道，這些熊蟲來自屋簷上的苔蘚。一想到這些腳底一滑的熊蟲大喊：「唉呀～」然後被沖走的畫面，我就覺得相當有趣。Greven 曾拍攝兩種在苔蘚葉狀體上步行的熊蟲，研究葉狀體的構造與熊蟲的行走方式（圖40）。

接著來看看頂樓吧。為了對抗熱島效應，最近都市的頂樓常見到人工栽種的植物。請想像一下，沒有這些刻意栽種的植物，頂樓原本的樣子。乍看之下似乎什麼也沒有，但仔細一瞧便能找到各個角落的苔蘚，而苔蘚內有熊蟲。這些熊蟲是哪裡來的呢？

為什麼頂樓會有苔蘚呢？八成是因為孢子被風吹，著陸在頂樓吧。不過即使是「酒桶狀」熊蟲，也不太可能像孢子一樣被風吹來吹去。我也難以想像會有原

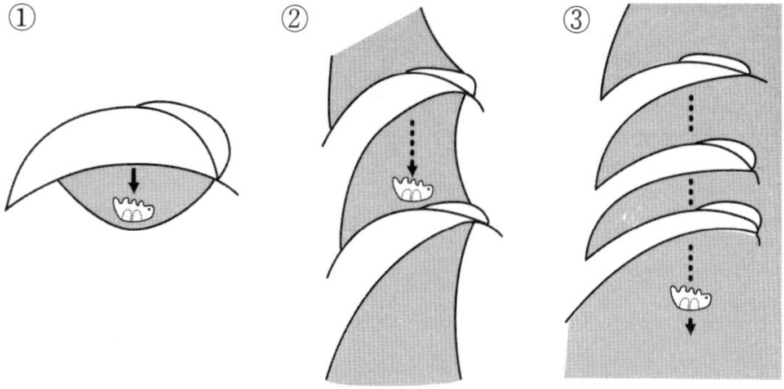


**圖40** 當附著在苔蘚上的水滴逐漸變大，腳滑掉的熊蟲便無法回到葉狀體上①，若水量再增加，熊蟲便會掉到下一個葉狀體的表面②，熊蟲就這樣一層層往下掉③。
（取自 Greven, H. and Schüttler, L., How to crawl and dehydrate on moss, Zool. Anz. 240: 341-344, 2001 經過重繪）

本在地面上的熊蟲，以爬到高處為目標，在下雨天時慢慢地一步一步往上爬。雖說如此，沒有任何研究資料證明被吹到空中的「酒桶狀」熊蟲到底有多少。說不定這些「酒桶狀」熊蟲就像四處飄散的花粉，到處飛舞呢。

## 太空旅行的熊蟲?!

在空中飛舞的「酒桶狀」熊蟲，能不能在太空中旅行呢？

從酒桶的耐力來看，只要著陸地有水，熊蟲即有機會熬過太空旅行，並成功甦醒。此外，目的地要有食物……如果將苔蘚的孢子與細菌等，和熊蟲一起送上太空，來一趟太空旅行，或許是個值得期待的計畫。在地球上，酒桶狀的熊蟲壽命不到百年，但太空的溫度為－270℃超低溫，而且沒有氧氣，這樣的條件對酒桶狀熊蟲來說搞不好是最適合的。不過，經過宇宙輻射線的洗禮，就算熊蟲再次甦醒，也無法確定牠是否有繁殖能力。

有人認為熊蟲是從外太空飛來地球的生物，但為什麼會有這樣的謠言我就不得而知了，可能是 Francis Crick 所支持的「生命來自太空」（定向泛種論）與熊蟲傳說結合所產生的說法。先不論目前地球上的熊蟲是不是從外太空飛過來的，過去地球被巨大隕石撞擊時，是否有「酒桶狀熊蟲」被彈到太空呢？這個可能性明顯比熊蟲飛來地球大得多。

未來確實有可能讓熊蟲來一趟太空之旅。作為隱生研究的一環，研究者們想將「酒桶狀熊蟲」放入火箭送上太空，觀察其變化。相關計畫正在進行中。

## 備註（二〇一三年）

**小斑熊蟲的學名**　日本的小斑熊蟲至少可分為三大類，不管是哪一類，皆與 *Milnesium tardigradum* 有差別。至二〇〇六年為止，三者皆無學名。

**酒桶狀熊蟲的耐壓力**　日本小野團隊（二〇〇八年）的研究結果顯示，熊蟲約可承受七萬五千大氣壓。

**關於海藻糖**　小斑熊蟲與蛭態輪蟲皆不會累積海藻糖。至於小斑熊蟲如何改變分子的形態，進而變成酒桶狀，仍是未解之謎。

**太空的熊蟲**　二〇〇七年九月，熊蟲被送到地球軌道上。經過一連串艱苦實驗過程的酒桶狀小斑熊蟲被拿到太空船外，接受太陽輻射直接照射，並沒有全部死光，有幾隻個體活了下來。

# 後記

西元二〇〇〇年一月四日，大學校園的石造建築在寒假時顯得更冷清。我一個人在靜謐的研究室裡，思考一件事情。

「我想觀察更奇怪的生物！」

並不是說我當時的研究題目「昆蟲精子的形成」不有趣，而是在那個冷冰冰的研究室內，我突然有種想看熊蟲的衝動。

我第一次知道熊蟲這種生物，是在大學剛入學時買的海岸動物圖鑑，裡面有一張磯棘熊蟲的插圖（圖41）。這張圖給人一種不可思議的感覺，讓我不自覺開始思考，這種生物真的存在嗎？然而我一直沒有看到熊蟲實體的機會，於是好幾年來都沒有再想起這件事。不過在我心中的某個角落，似乎一直有想要一睹熊蟲真面目的渴望，希望有一天真的能看到牠們。

真正看到熊蟲的廬山真面目是十多年後了。在日本慶應義塾大學的日吉校區

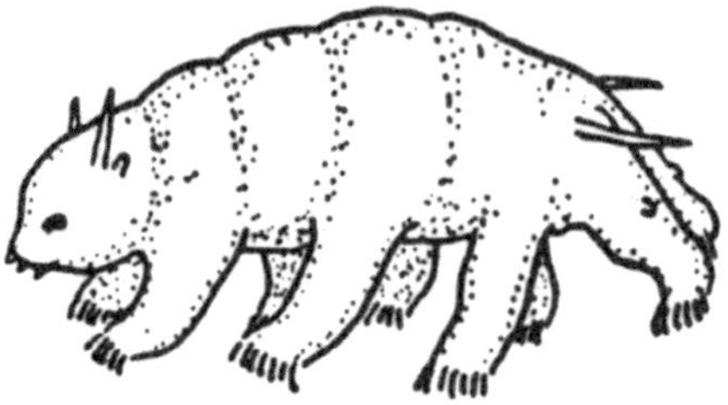

**圖 41** 我第一次看到的磯棘熊蟲插圖。（西村三郎、鈴木克美《海岸動物（標準原色圖鑑全集 16）》日本保育社，1971）

時，研究海蜘蛛的宮崎勝己先生（目前在京都大學瀨戶臨海研究室）讓我看他在苔蘚中找到的熊蟲。原來這就是熊蟲啊，這東西既可愛又有趣耶！（當然，海蜘蛛也滿有趣的。）

雖然那時我非常興奮，卻還沒到換掉研究題目的程度。不過經過了很長一段時間，在二十世紀末的新年期間，我似乎聽到了某個呼喚我的聲音，於是有一天跑上了頂樓找苔蘚。

大學校舍的頂樓上到處都長著苔蘚。把這些苔蘚放入水中，或許會有熊蟲跑出來吧！我興致勃勃地用顯微鏡觀察。可惜的是，那天沒能見到熊蟲。不過我看到了大量輪蟲、線蟲、纖毛蟲等小動物，又驚又喜。冬天頂樓上那堆快乾掉的苔蘚中，居然有這麼多生物棲息著！雖然我早就知道這些生物的存在了，但實際看到，仍在心中留下前所未有的強烈印象。太厲害了，太有趣了！

在那之後的第三天，我與熊蟲相遇了，牠就住在研究室附近的苔蘚內，接著我便一頭栽進熊蟲的觀察。在看到熊蟲的當下，我實際感受到，地球的每個角落真的都有生物存在啊。

接觸新的研究主題，對研究者來說第一個要做的，就是尋找相關文獻。不過，市面上幾乎找不到與熊蟲相關的日語書籍。一開始，我只能依賴有點年代的《動物系統分類學》。日吉校區的圖書館還有其他提到熊蟲的書籍，不過講到「與人類的關係」，都只用「無」帶過。這些書是由英語書籍翻譯而成的，我回去看原文書的文字，它指的應該是熊蟲「無」經濟價值。或許是這個原因，在英語圈很難找到熊蟲的相關書籍。還好，我有找到一本一九九四年出版的書（Kinchin, I. M., The Biology of Tardigrades, Portland Press, 1994）。我馬上購入這本書，在大學講師相當繁忙的學期末，每天都很開心地閱讀著。

之後，我每天都有許多有趣的發現。對研究者來說，「有趣」便是工作的原動力，觀察苔蘚間隙的世界，所看到的各類生物，讓我樂此不疲。另外，尋找文獻，讓我像回到幾百年前的世界一樣，因為在近年的文獻內找不到熊蟲的資料，只好往回找。我一直追尋著目標，不知不覺手上拿的就變成很久以前的文獻了。

我在六年前那個寒冷的冬天突然想觀察熊蟲時，完全沒料到我現在會寫一本關於熊蟲的書。我正在丹麥哥本哈根的博物館寫著這本書的原稿，把我帶到這個城市的也是熊蟲。我現在就在這裡研究海生熊蟲的卵如何形成。

提到熊蟲，人們通常會把焦點放在神奇的隱生能力。至於熊蟲實際上是過著什麼樣的生活，我們所知仍相當有限。當我產生寫一本熊蟲書的想法時，我想寫的其實是關於熊蟲生活方式的書。雖然最後的確有提到一些，但怎麼看都像是為了自我滿足而寫出來的描述。不，因為還有太多我不瞭解的地方，所以連自我滿足都稱不上吧，再說我連「白熊」的正式學名都不知道。

這本書有許多主題並沒有詳細說明，特別是有關於隱生的分子機制，以及遺傳資訊的相關研究。但相關研究今後應會進展得相當迅速，數年內可能就會得到意想不到的結果，就讓別的研究者在別本書說明吧！我寫這本書的主要目的是整理古往今來的所有研究與傳說，我覺得這樣應能劃清傳說與事實的界線。此外，我也儘可能介紹了經典文獻的插畫，例如 Müller 與 Dujandin 的熊蟲插圖等，除了原書，這些圖應該是第一次出現在科普書上吧！

我在本書寫作過程中，得到許多人的幫助，特別是爽快答應讓我使用照片與圖片的 D. R. Nelson 與 R. M. Kristensen 兩位教授；提供 Marcus 相關資料的 Claus

Nielsen 教授，幫我從博物館圖書館找出珍貴古典文獻的管理員 Hannu Espersen 先生。感謝你們的協助。與我在博物館同一間研究室內觀察熊蟲的研究生們相當有活力，激發了我的研究熱情。此外，讓我能遠離教學事務，像熊蟲般悠悠哉哉跑到國外遊學寫稿的日本慶應義塾大學，以及生物學教室的成員們，我由衷感謝你們。最後，催生這本書的日本岩波書店鹽田春香小姐（以及熊蟲後援會的諸位），感謝你們的熱情。

有人說，目前地球上的生物物種正以難以想像的規模迅速消失。對大型脊椎動物和綠色植物這種與人類關係較密切的生物來說，這樣的說法的確沒有錯。不過像熊蟲這樣，每年被發現的物種數量還在持續增加的生物，也不在少數。換句話說，許多物種至今仍未被人類發現。認真算下來，其實地球上到處都有我們未知的生物呢。對人類來說，地球環境正逐漸惡化，而對大多數的脊椎動物來說應該也是如此。然而，對那些種類繁雜的細菌，以及熊蟲這種微小生物來說，地球環境目前是否在惡化，我們仍無法確定。

過去，人們認為熊蟲與人類「無」任何關係，而對熊蟲來說大概也是如此吧！就算人類經濟活動對地球環境的破壞再嚴重，對熊蟲的生活應該也沒有多大的影響。就算人類滅亡，熊蟲一定也能繼續留在地球上，悠悠哉哉地漫步吧。

鈴木忠

附錄

# 觀察住在苔蘚上的動物！

最方便的觀察對象，就是**隨處可見的苔蘚**。「咦？要觀察這麼無聊的東西嗎？」或許有人會這麼想。但即使是乾掉的苔蘚，浸水仍會冒出許多小生物喔。這些生物與熊蟲一樣，都是能忍受極端環境的物種。只要多看幾個樣本，**一定有機會與熊蟲相遇的**。

## 必備器材

熊蟲很小，所以需要用解剖顯微鏡觀察，還在上學的朋友們，請和你們的生物老師借吧！顯微鏡和實驗器具的資訊，皆可在網路上找到。

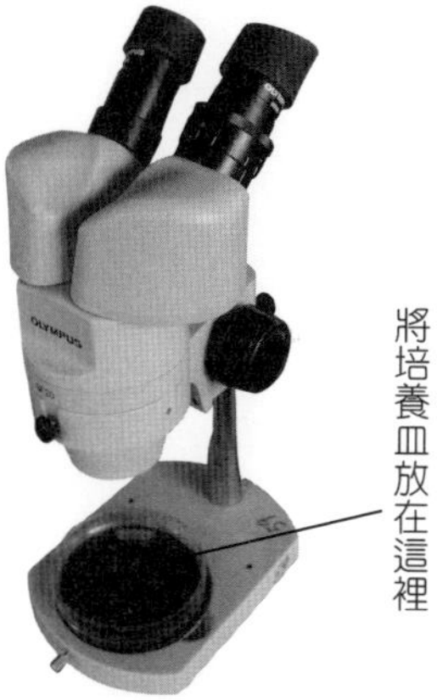


**解剖顯微鏡**

放大倍率比光學顯微鏡低一點，但可以觀察有厚度的樣本，很適合用來觀察熊蟲這種小型生物。價格約 2~3 萬日圓。

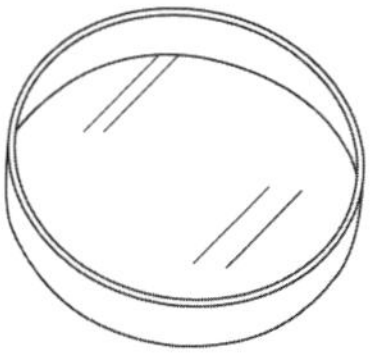

**培養皿**

將苔蘚泡在培養皿水中，以方便放在顯微鏡底下觀察。

## 方便觀察的工具

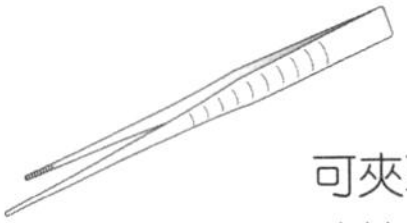

鑷子

可夾取苔蘚，用免洗筷也可以。

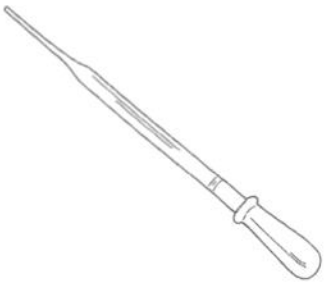

滴管

吸取想要觀察的生物。

光學顯微鏡與載玻片

放大倍率比解剖顯微鏡高。若在解剖顯微鏡底下看到想觀察的生物，可改置於光學顯微鏡底下仔細觀察。

## 可能觀察到的小生物

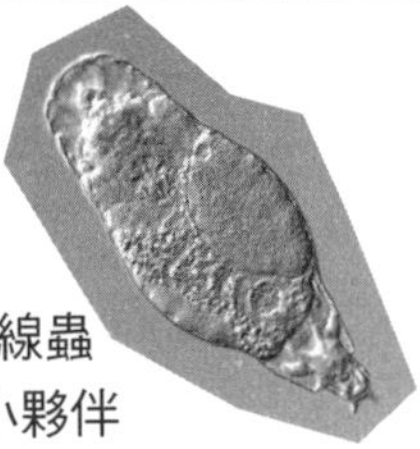

線蟲小夥伴

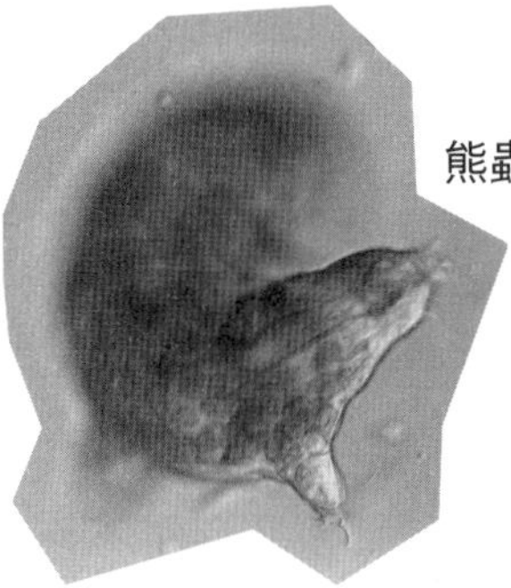

熊蟲♥小夥伴

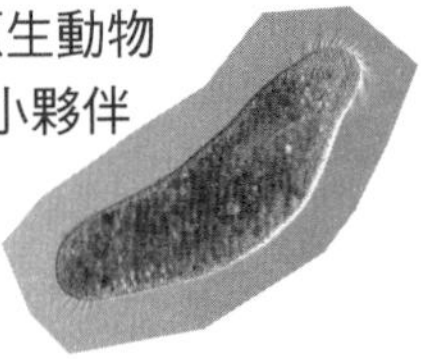

原生動物小夥伴

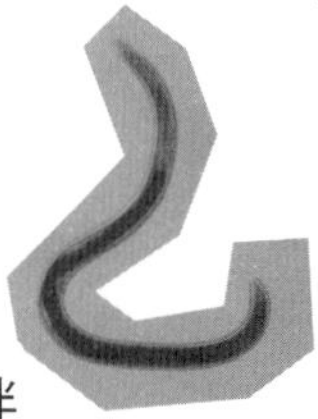

輪蟲小夥伴

可能還會出現其他生活在土中的小生物喔。

## 觀察步驟

這裡介紹的是最簡單的觀察方法，你可以自己研究新方法喔！

①採集苔蘚

採集路邊的苔蘚，乾掉的苔蘚內有很高的機率可以找到熊蟲。

②泡在水中

將採集到的苔蘚放入培養皿，加水靜置三十分鐘以上（或隔夜）。

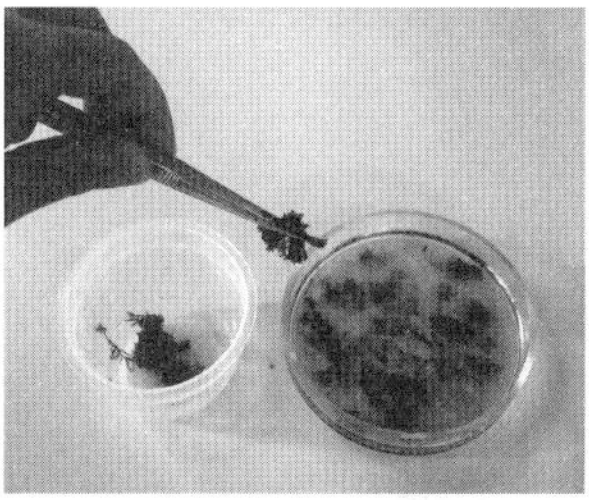

③取出苔蘚

將苔蘚拆成小塊，會有許多小生物掉出來。為了不影響觀察，請將大塊苔蘚取出。

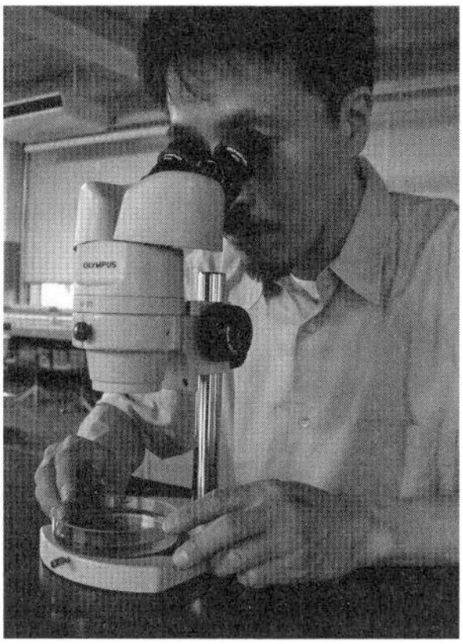


④尋找熊蟲

用解剖顯微鏡（放大約20～40倍）仔細搜尋。

## 進一步觀察……

★取出熊蟲

用滴管吸取熊蟲或其他想觀察的生物，移至另一個容器仔細觀察。如果有光學顯微鏡，可把熊蟲移到載玻片上，用高倍率鏡片觀察。

★觀察酒桶狀

將瓊脂滴在載玻片上待其凝固，再將熊蟲置於上面，便可用光學顯微鏡觀察熊蟲逐漸變成酒桶的樣子。

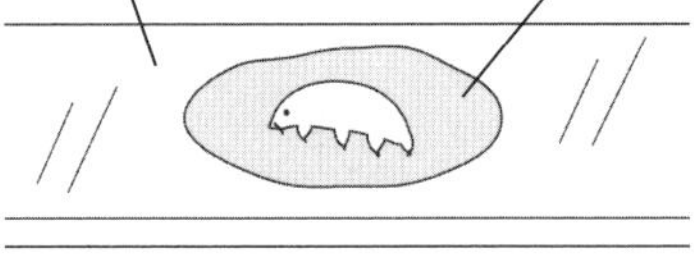


來記錄不同位置的苔蘚含有什麼樣的生物吧！
為住在你家附近的小生物製作一本戶口名簿，很有趣吧！

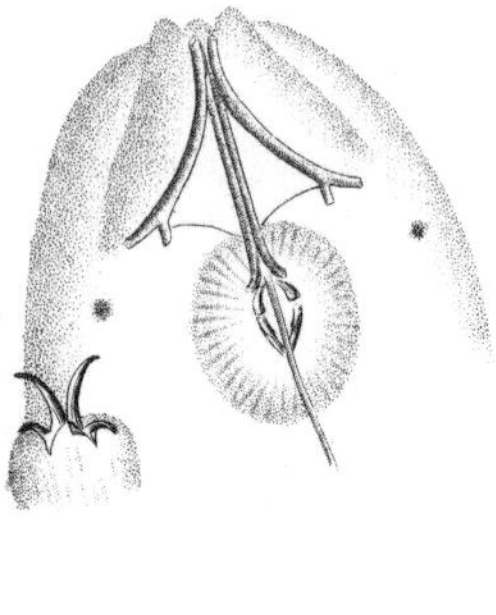

國家圖書館出版品預行編目(CIP)資料

地表最強熊蟲：不可思議的緩步動物 / 鈴木忠作；
陳朕疆譯. -- 初版. -- 新北市：世茂, 2017.01
面；　公分. --（科學視界；199）
ISBN 978-986-93907-1-2（平裝）

1.無脊椎動物

386　　　105021142

科學視界 199

地表最強熊蟲：不可思議的緩步動物

作　　者／鈴木忠
譯　　者／陳朕疆
審 訂 者／顏聖紘
主　　編／陳文君
責任編輯／石文穎
封面設計／Liu（auroraliu1003@gmail.com）
出 版 者／世茂出版有限公司
地　　址／（231）新北市新店區民生路 19 號 5 樓
電　　話／（02）2218-3277
傳　　真／（02）2218-3239（訂書專線）・（02）2218-7539
劃撥帳號／19911841
戶　　名／世茂出版有限公司　單次郵購總金額未滿 500 元（含），請加 50 元掛號費
世茂網站／www.coolbooks.com.tw
排版製版／辰皓國際出版製作有限公司
印　　刷／祥新印刷股份有限公司
初版一刷／2017 年 1 月

I S B N／978-986-93907-1-2
定　　價／350 元

KUMAMUSHI?!: CHIISANA KAIBUTSU
by Atsushi Suzuki

Original published 2006 by Iwanami Shoten, Publishers, Tokyo.
This complex Chinese edition published 2017
by Shy Mau Publishing Co., New Taipei City
2016 Shy Mau Publishing Group (Shy Mau Publishing Company)

Printed in Taiwan

Note

Note